To: 江慧芳　惠存：

經典台菜 TAIWANESE DISHES
95味
9種調味料 × **5**款辛香料　化繁為簡
烹調出澎湃的經典辦桌菜與難忘古早味

黃景龍 × 黃洪忠・著

U0139226

請指尊

黃景龍

2018.10.15

簡單食材做出精緻美味和記憶

記得小時候，下課後常常跟著父母在餐廳忙上忙下，一下幫忙擦桌子、一下為客人倒茶，或是去出菜口幫忙，看著父親炒菜的背影，等待熱騰騰的塔香三杯雞、五更腸旺、糖醋排骨或是筍絲滷肉出來，於是我又急忙端到桌上讓客人享用。忙完後，一家人與員工在一起吃晚餐，這一幕延續到30年後的現在。父親的一刀一砧、烹調過程都是我追尋的目標，也是帶領自己成為廚師的動力。

常常聽到許多人問：「台菜的精神是什麼？」「有哪些菜色是道地台菜？」得到的答案是五花八門，也得不到真正的解答。近幾年，常受僑務委員會聘請到美國、加拿大、非洲、南美洲、澳洲、紐西蘭等國家進行「台灣美食廚藝巡迴講座」，並製作和教學台灣料理給僑胞和主流人士品嘗，經驗累積下來後發現原來台菜只要「9味、5種辛香料」就能在世界各地，不限食材、時間、地點，能做出令人懷念的台灣味。這9味即是「醬油、香油、麻油（3油）、烏醋、白醋（2醋）、米酒（1酒）、鹽、糖、胡椒粉（3調味）」，再加上5種辛香料「蔥、薑、蒜、辣椒、紅蔥頭」，就是個人研究出來的台菜「95學說」。

這本食譜書的料理，也是用台菜「95學說」所完成，使用家中廚房常備的9種調味品，和市場都能買得到的5種辛香料（爆香料），不論使用什麼食材，就可以在家裡做出變化萬千的正宗台味佳餚。台菜就是如此有魅力，只用簡單食材就能做出精緻美味。

　　台灣四面環海、氣候宜人、農漁特產豐富，在這片土地上的飲食文化，蘊含特別的情感與味道，不論是夜市小吃、辦桌宴席或是大街小巷熱炒店，都是大家從小到大經常接觸到的飲食方式；再加上媽媽準備的三餐，這就是整個台灣文化的寫照。一天中最幸福的時刻，就是和家人一起在餐桌吃飯的畫面，桌上幾道媽媽準備的家常菜，例如：紅燒豆腐、蒜泥白肉、蔭豉鮮蚵、菜脯烘蛋等，餐桌間凝聚著家人的情感，也是台菜的美味記憶。

　　這本書從無到有進行了快一年，當中和主編討論多次，最後將台菜分成三大單元：餐廳必點家常好滋味（家常菜、熟悉的媽媽味、台菜餐廳人氣料理）、重溫經典台菜色香味（辦桌菜、宴客菜）、找回念念不忘古早味（失傳古早味），我在每道食譜也分享許多典故，希望透過這些古早味能喚起長輩的美味回憶；並調整為符合現代人期望的低油低鹽料理，讓台菜保有原始的風味，卻少了重油與重鹹，甚至年輕人可以藉由典故了解這些台菜的意義，讓台菜成為凝聚全家人情感的來源，並以家庭式的烹調手法，化繁為簡、詳細步驟圖，讓大家能輕鬆烹調出美味料理！

台北儂來餐廳 行政總監

目錄 Contents

Part

1

餐廳必點家常好滋味

Part 2

重溫經典台菜色香味

Part

3

找回念念不忘古早味

如何使用本書
How to Use This Book？

④ 這道料理的名稱。

3 Part 經典台菜95味

① 適合食用的份量。

四喜烏魚子捲
份量 3～4人份

② 這道料理賞心悅目的完成圖。

③ 作者的貼心叮嚀，也是烹調過程的關鍵技巧。

龍師傅慢調 Point

▶ 烏魚子不可以泡到水或米酒，烹調前只要將外層的膜衣剝除即可。
▶ 在蛋黃皮和海苔之間用美乃滋黏合，會比較牢固，捲好後才不會散開。

218

溫馨提醒！

經常會遇到學生、朋友詢問，醬油、鹽可以少一點？油可以不加嗎？一定要用小火慢慢炒？等諸多的提問。建議大家第一次烹調時，請按照書上的配方、做法實做，等到熟練並且每次都成功，再依照個人口味增減調味料或是同類材料替換。

⑦ 材料處理完成與切好後的樣子，給你參考。

⑤ 材料一覽表，正確的份量是烹調成功的基礎。

⑥ 先完成食材切割程序，讓後續烹調過程更順暢。

找回念念不忘古早味 Part 3

⑧ 這道料理所屬單元。

◎ 材料
A 烏魚子80g、蒜苗20g、蜜黑豆10g
B 小黃瓜100g、高麗菜100g、蘋果100g、海苔1張（5g）
　蛋黃皮1張（蛋黃4個，煎成100g）

◎ 調味料
美乃滋50g

⑨ 調味料一覽表，正確的份量是調味成功的基礎。

【食材處理】
‿ 蒜苗切片。
‿ 小黃瓜、高麗菜切絲。
‿ 蘋果切絲後泡冷開水。

1 烏魚子剝除外膜，再放入180℃玄米油鍋（更多泡泡，油溫判斷P.21），炸至呈金黃色，撈起後瀝乾，再切成長條。

⑩ 詳細步驟圖解說，讓你在操作過程更容易掌握重點。

2 砧板上鋪1張保鮮膜，放上蛋黃皮，均勻擠上適量美乃滋，再放上海苔，按壓後讓海苔緊貼於蛋皮，依序鋪上烏魚子、小黃瓜絲、蘋果絲、高麗菜絲，擠上美乃滋，捲起後收緊。

 台菜好味故事

烏魚子大部分是搭配蒜苗或白麗蔔片一起食用，近幾年因為婚宴會館盛行，在菜色的變化上，也由傳統單調棒為多樣化搭配，常見挑選水果，根莖類做為內餡，並用煎好的蛋皮包捲完成後並切塊，小巧可愛一口食用剛好，深受許多年輕人喜歡。

⑪ 這道料理的相關典故介紹。

3 再切成3cm段，排盤，放上蒜苗片、蜜黑豆即可。

219

⑫ 這道料理所屬頁碼。

台菜精神和95學説

　　台灣的地理位置獨特，位於亞熱帶區，又有南迴歸線經過，四面環海及高山、平原、盆地都匯集在這片土地上，在這些優勢下自然產出許多豐富的農漁牧產品，例如：稻米、海鮮、牛肉、豬肉、雞肉、蔬菜、水果、乾貨等，一年四季皆有非常多的當季食材，我們是非常幸福的一群。

　　許多人常問：「那些菜色可以代表台菜？」有人說三杯雞、佛跳牆、麻油雞、滷肉飯、香腸、煎豬肝、五味透抽等，菜色五花八門，每個人心中都有代表的菜色。這七年受政府外派到世界各地進行「台灣美食廚藝巡迴講座」，經常發現在食材的取得上，會因為當地的地理位置、氣候、風土等因素而不容易取得，或採購到非想要的，往往需要臨時更改產品及做法。但是海外僑胞們常常想吃台灣夜市小吃、台式熱炒，這些美味總是令人回味與喚起美好的記憶。

　　於是我整理出一套9味加上5種辛香料的「台菜95學説」，就是家中廚房都會準備的調味品「醬油、香油、麻油、烏醋、白醋、米酒、鹽、糖、胡椒粉」，以及基本辛香料「蔥、薑、蒜、辣椒、紅蔥頭」，這些調味料和辛香料隨手可得，在許多台菜料理中經常用到。使用台灣產地食材，加上簡單的調味品和辛香料，能同時保持食材原味，也可以提升料理的味道層次感。雖然沒有太多複雜烹調手法及調味，卻蘊含深厚的飲食文化，這就是台式料理精神。

常用調味料和辛香料

擁有美味又道地台灣味的料理，需要準備哪些調味料和辛香料呢？只要搭配適宜，就能提升菜餚的價值感與提香作用，所以別輕忽如下靈魂配角，它們會讓佳餚達到色香味都到位的效果。

■ 調味料 ■

醬油

又稱油清，適合醃漬、紅燒、滷製等烹調法，主要功能為增香與調味。由黑豆釀造而成的醬油，其口感具甘甜味及豆香味比較重。

醬油膏

又稱油膏，是醬油加入調味料及澱粉煮成濃稠狀，口感特色是醬油香味比較濃郁。醬油膏可以調味外，也能直接當沾醬，例如新鮮食材汆燙後，直接沾著醬油膏一起食用。

香油

又稱芝麻油、芝麻香油，有著琥珀色外表，是以白芝麻為原料所提煉而成的油類。純芝麻油氣味濃郁，適合做為調味料，例如料理完成前淋入幾滴，或涼菜拌一點點香油，皆能增加香氣，是台菜重要的調味料之一。

麻油

又稱黑麻油、胡麻油，是以黑芝麻為原料提煉而成的食用油。純胡麻油氣味濃郁且厚重、色澤比較深，適合做麻油雞、紅蟳米糕等料理。

烏醋

以糯米為基礎，加入芹菜、紅蘿蔔、洋蔥等蔬果，以及辛香料、鹽、糖等調味料所釀造而成。烏醋的顏色深、鹹度比較高，適合拌炒、羹湯等料理。

白醋

又稱米醋，是米飯經由發酵後的產物，也是酸味的添加物來源之一，可以用在肉類軟化蛋白質，使肉口感軟嫩，以及運用菜餚醃漬等。挑選時以醋的嗆味溫和，顏色透明略帶淡黃色為佳。

米酒

米酒是以稻米所釀製而成的酒，除了調味之外，米酒亦能醃漬魚、肉類去腥，在烹調青菜時，也可於起鍋前加入米酒，能維持菜的青翠色澤，在料理方面也經常做麻油雞。

鹽

台式料理的重要調味料，適量添加可以中和甜度、降低甜膩感，並達到菜餚提味的作用。常見有海鹽、岩鹽、精緻鹽，可依喜好選擇鹽類，挑選時注意鹽本身是否受潮結塊等問題。

白砂糖

又稱細砂糖、白糖、砂糖，是台菜最常使用的食用糖，可以增加產品甜度最主要來源，加熱後會產生焦糖香氣與色澤。

■ 辛香料 ■

白胡椒粉

白胡椒粒經過低溫研磨而成的粉狀調味料，具有辛辣嗆鼻味。白胡椒粉除了增加料理香氣外，更能降低食材本身不好的味道，適合做為料理、湯品、餡料的調味料。

青蔥

又稱蔥、大蔥、蔥仔。蔥莖為白色，葉管中空且呈綠色，經常做為烹調主食材前的炒香材料，常和薑、蒜、辣椒一起炒香，蔥段與魚一起燒煮，蔥絲裝飾添色、增香用途，或是當成蔬菜食用。

薑

分為嫩薑、中薑、老薑，是非常好的去腥辛香料，常用來醃漬或炒香料，甚至老薑經常與油煸炒而增加香氣，具有滋補養身功效。選購時，應該以外觀肥大結實，避免有斑點、乾扁為宜。

蒜頭

購買蒜瓣大片完整，摸起來比較硬，避免已發芽或枯萎者為佳。平常放在通風處，可以保存一至兩個月。如果購買已經去皮的蒜仁，則必須包好後放入冰箱冷藏，但保存時間比較短，請盡快使用完。

辣椒

又稱番椒、紅辣椒、長辣椒，鮮紅色帶籽長條狀，帶有辛辣風味，可乾製成辣椒粉或與油煸炒成辣油。在台菜可以為調味料及沾醬，增加風味，挑選時以表皮光滑不皺，硬而不軟為佳。

紅蔥頭

又稱乾蔥、珠蔥，為紫紅色鱗莖球狀物，是台菜常見的新香料之一，用法為油炒至金黃色即為油蔥酥，可以提升料理香氣。

食材處理和基本刀工

　　烹調完成的料理除了色香味皆到位外，烹調前食材處理、刀工更為重要，刀工好壞會影響視覺的效果，但只要耐心練習，肯定有機會變成廚師級的功力。這裡將提供各種食材的處理、基本切法，讓大家的廚藝越來越精湛！

■ 食材處理 ■

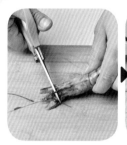   

▲ 蝦挑除腸泥

蝦類不管帶殼或不帶殼，在烹調前，都必須挑除腸泥，如此烹調出來的蝦肉才會清爽，並且無雜質和腥味。若是蝦仁，則將背部剖開後取出腸泥。帶殼的蝦子，除了腸泥外，蝦鬚、蝦頭與蝦腳必須修剪乾淨，如此不僅能防止油炸時發生油爆，擺盤時也比較好看。

◀ 蛤蜊泡水吐砂

蛤蜊買回家後需要泡入鹽水（以鹽：水＝鹽2大匙：水1000cc拌勻），水量必須蓋過蛤蜊，待吐砂後洗淨再烹煮。吐砂後的蛤蜊，烹煮完成的料理才會美味且無雜質。

▶ 乾香菇泡水待軟

乾香菇是台菜常用的乾貨，在使用前必須先泡水使其軟而膨脹，接著擠乾水分就可以切絲或整朵烹調。

◂ 蝦米泡米酒

蝦米烹調前先泡米酒,可以去腥外,
也能讓料理增添酒香。

▸ 髮菜泡水待軟

買回家的髮菜通常是乾貨,使用前
先倒入蓋過髮菜的水量,稍微按壓
吸水,再泡一段時間待軟即可。

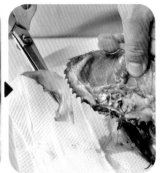

▴ 處理紅蟳

壓住紅蟳腹部,用1支筷子從紅蟳嘴巴用力戳到底,確定不再掙扎,再鬆開繩子,接著掀
開蟳殼,並剪除口鼻及消化器官,再掀除蟳肚的臍蓋即完成,沙公處理方法亦同。

◀ 汆燙肉類

肉類和其他食材一起烹調前，宜先放入熱水汆燙至肉變白，撈起後用清水洗淨，可以去腥味，亦能避免後續烹煮過程有浮沫雜質。

▲ 拌醃順序

醃製材料加入的順序，可以先加入水、液體類拌勻，接著放入粉類拌勻，最後倒入油類，如此才能拌得更均勻且調味料更入味。

◀ 均勻勾芡

許多台菜料理需要勾芡產生滑順和羹湯狀，所以加入太白粉水時，務必充分拌勻並均勻淋入鍋中，邊加邊拌勻待煮滾即可。通常2大匙太白粉水，為1大匙太白粉、3大匙水拌勻。

▲ 炒蔬菜

炒蔬菜時，加入適量點米酒、鹽，可以去除菜的菁味。

▶ 秤量換算法

cc＝毫升、g＝公克
1大匙＝3小匙＝15cc、1小匙＝5cc
1公斤＝1000g、1台斤＝16兩＝600g、1兩＝37.5g

■ 刀工説明 ■

▲ 切條

依料理需求直切或橫切成長度4～6cm（寬度0.5～1cm）的條狀。適合：紅蘿蔔、芋頭、青椒、甜椒、肉類。

▲ 切段

依料理需求切成3～4cm長度。適合：青蔥、西洋芹、空心菜、四季豆。

▸ 切塊

依料理需求直切或橫切成需要的尺寸塊狀。適合：芋頭、肉類、洋蔥。

▲ 切絲

依料理需求直切或橫切成寬度0.1～0.3cm的絲狀。適合：洋蔥、蒜苗、筍、高麗菜、香菇。

▲ 切半

從食材的中心對切成左右對稱的兩半。適合：香菇、蘑菇、筍、小番茄。

▲ 切片

食材切成厚度約0.1～0.2cm的片狀。適合：薑、筍、肉類。

▲ 切斜片

以斜刀方式，將長條狀或圓柱狀食材切成斜片。適合：辣椒、茭白筍、西洋芹。

▲ 切三角形

在四方形食材上依對角線切開即可。適合：各種豆腐、豆乾。

▲ 切四等份

在食材上對切成半，再對切即可。適合：香菇、小番茄、白蘿蔔。

▸ 切丁

食材切成條狀或段後,再切成丁。依尺寸分為大丁、小丁、正方丁等。適合:紅蘿蔔、吐司、豆腐、甜椒、肉類。

▴ 切末

又稱切碎、切粒,食材切成薄片後切成細絲,再切成細小的末狀。適合:青蔥、洋蔥、薑、蒜仁。

▴ 切圈

將比較細的長條食材切成厚度0.5cm的圈狀。適合:辣椒、玉米筍、中卷。

▴ 去皮

用蔬果刨皮刀去皮比用刀更安全,用完後請洗淨並晾乾。適合:紅蘿蔔、白蘿蔔、芋頭、地瓜。

▴ 切格紋片

先劃淺淺直紋,食材再轉90度劃淺紋,呈現細細格子狀的紋路,即可依需要的厚度切片。適合:花枝、透抽、軟絲。

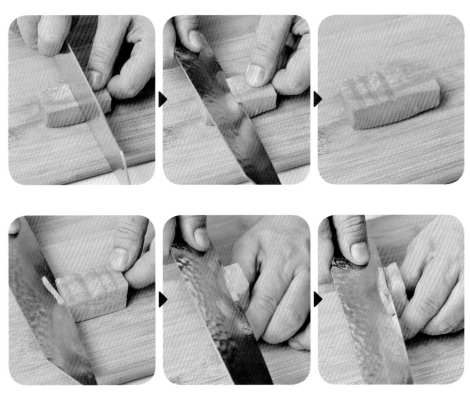

▲ 切水花片

在食材上間隔2mm切一刀淺刀紋至中間,再把刀子斜放後挑起細長片,先完成一邊,再重複此步驟完成另一邊,接著直立食材,在側邊也是每隔2mm切淺刀紋,於長邊依需要厚度切片即可,適合根莖類食材。

判斷油溫和製作加味油

下廚時烹調油使用機會多，您最煩惱什麼呢？大部分人應該首推滿滿的炸油吧！就讓我告訴大家如何挑選烹調油、判斷油溫，並傳授幾款加味油，讓您輕鬆搞定那一鍋油。

■ 認識烹調油 ■

油的好壞關係到身體的健康和攝取的營養，甚至會影響料理的風味，而且每種油的耐高溫有差異，所以得慎選與使用。傳統台菜多以大豆沙拉油、豬油當烹調油，雖然耐高溫，但容易形成膽固醇存在體內。所以近幾年我幾乎使用玄米油、葡萄籽油烹調，希望大家能吃得更安心！

玄米油

富含植物固醇、穀維素營養，油脂安定且耐高溫，適合高溫烹調，發煙點為230℃，加熱後會出現淡淡胚芽米香氣，使用方式以大火快炒、油炸為佳。

葡萄籽油

適合中溫烹調，營養來自新鮮葡萄的花青素，並含不飽和脂肪酸、維生素E，發煙點為200℃，使用方式以拌炒、煎製為佳。

玄米油　　葡萄籽油

■ 判斷油溫 ■

油溫和火候在烹調時非常重要，它們會影響料理的口感，若家中沒有烹調用溫度計，應該如何判斷油溫呢？建議可以用青蔥段測試，以下示範書中有使用到的溫度給大家參考，能避免外熟內不熟或是焦黑狀況。

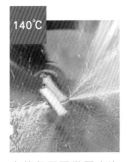

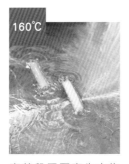

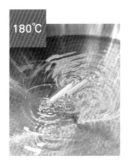

青蔥段周圍微冒小泡泡，食材放入油鍋後會先下沉到底部，再緩慢浮起來。

青蔥段周圍產生密集小泡泡，欲炸食材放入油鍋後下沉到一半，會緩慢浮起來。

青蔥段周圍有更多泡泡，欲炸食材放入油鍋後不會下沉。

青蔥段周圍產生更多且密集泡泡，欲炸食材放入油鍋後立即受熱，並且非常容易炸上色。

▨ 炸油過濾 ▨

炸油放涼後，可以先用細撈網濾出油渣和雜質。如果撈網孔目比較大，則可以加三、四層紗布，就能過濾得非常乾淨。回鍋油不能使用太多次，對身體不好且烹調品質不佳，建議使用2～3次就好。

▨ 製作加味油 ▨

油可以製成「加味油」，將沒用過的油加入特定食材，經過油炸步驟，就能成為烹調的增香小幫手。煉油方法大同小異，只有加入的配方不同，例如：紅蔥頭、蒜仁、青蔥、蝦殼和蝦頭等，就能做出不同的加味油。用大火將新的油加熱到140℃左右，再放入加味材料，轉小火炸10至15分鐘呈現金黃（視加味材料而有差異），關火後放涼。

保存方式

加味油裝入磁碗或不鏽鋼容器，用保鮮膜密封好，置入陰涼乾燥處，避免碰到水分，大約可以保存14天。

食用方法

可以淋一些在剛煮好的蔬菜，或是加入料理中拌炒，也能拿來拌麵、拌飯皆適合。

廚房必備鍋具與工具

烹調台菜需要準備什麼鍋具和工具呢?如何讓下廚成為輕鬆又快樂的一件事!其實不難,更不需要採買太多,只要準備如下基本鍋具與工具,就能讓料理快速上桌,幫助大家在烹調過程中變得更簡單且迅速。

■ 鍋具類 ■

平底鍋

可以準備不同尺寸的平底鍋各一支,大的直徑28〜32cm,小的直徑22〜26cm,這兩支平底鍋就足夠烹調餐點,適合煎、炒類烹調。建議購買不沾鍋的材質,不僅避免沾鍋同時能節省料理油量。清洗鍋子宜使用海綿材質,不可以用鐵刷刷洗,以免將不沾鍋上的塗層刷起來。

炒鍋

炒鍋是廚房必備鍋具之一,鍋底比較深,適合炒、炸外,由於具深度,也適合燉湯,燙麵、燙菜、燉菜,甚至當蒸籠使用。

湯鍋

挑選一個鍋身比較深,容量4〜5公升的湯鍋,可以輕鬆煮湯、燉滷食物,更不必擔心湯汁溢出。湯鍋材質以能放在瓦斯爐、電磁爐烹煮最方便,並且附防燙把手、透明鍋蓋更佳,烹煮時不用打開鍋蓋,就可以清楚看到食物烹煮狀況。

燉鍋

選擇有聚熱與保溫效果的燉鍋、砂鍋,等待食物滾沸後,就可以將火源關到中小火或小火繼續烹煮。以適合瓦斯爐、電磁爐、烤箱為佳。當烹煮完成後,一定要放涼再清洗,建議不在鍋子最熱狀態下用冷水沖洗,因為溫度差距大,容易讓鍋子出現裂痕。

蒸籠

一般常見材質有竹製、不鏽鋼製或鋁製。竹製蒸籠較為透氣，且不易滴水；不鏽鋼製蒸籠透氣性比較差一些，但非常耐用。竹製蒸籠使用後洗淨外，還必須晾乾或風乾，可以防止發霉；而不鏽鋼製蒸籠，除了耐用外，在清洗後只需要擦乾水分就可以收起來。

■ 家電類 ■

電鍋

傳統電鍋有內、外鍋，可以用來煮飯、煮粥、蒸菜、燉湯等，省時又省力，如果不加水，甚至可以拿來直接加熱饅頭、麵包之類的餐點。內鍋、外鍋都要保持潔淨和乾燥，但不可以將整個電鍋泡入水中清洗，外鍋內壁可以用水擦拭，然後以乾布擦乾就可以了。

食物調理機

為多功能攪拌機器，通常會附不同功能的刀片，可以切割、刨或切片等，功能包含攪拌醬汁或餡料、揉勻麵糰，甚至能打發蛋白、製作美乃滋。使用後的清洗方式，可以先放入1個切開的檸檬，再加入適量水，將檸檬打碎後，再以洗潔劑清洗，就能去除油膩及味道。

手持式攪拌機

又稱手持式均質機，為三合一的手持式攪拌棒，底部刀葉高速旋轉時能將食材切碎，並快速改變形狀、狀態與口感，簡化調理過程。加入液體，可以讓刀片運轉更容易進行，最適合用來攪打醬汁或是攪拌餡料，為廚房最佳幫手之一。

■ 測量類 ■

電子秤

用來秤量食材重量,有電子秤的幫助之下,可以讓佳餚的配方更為準確,並降低烹調失敗率。秤量時要將容器重量先扣除,市面上有傳統秤、電子秤兩種,建議選擇電子秤為佳,其準確率比較高,也有歸零的功能,讓秤量時更方便。

量匙

用來測量少量粉狀或調味料份量,一般量匙有4支,分別為1大匙、1小匙、1/2小匙、1/4小匙,建議選擇不鏽鋼材質為佳,在量取熱水或酸性食材比較安全。使用時,將材料舀起來,再用小刀刮平為準。

量杯

用來秤量材料或液體的容器,有分許多容量,書中所指的杯是以200cc容量的量杯所秤量。

■ 輔助工具 ■

刀具

切割生鮮或熟食材使用,依食材特性挑選適合的刀具,最常見的刀有菜刀、剁刀、水果刀等。至少準備兩把菜刀,分別用在生食與熟食,可避免交叉感染。刀具使用完後請立即洗淨,並放在通風處晾乾。

砧板

市面上常見的砧板材質有木頭製、塑膠製兩種,也會標註尺寸,可依個人使用需求進行挑選。生食、熟食最好使用不同的砧板,以確保安全衛生,洗淨後放在通風處晾乾即可。

削皮刀

用來去除蔬果外皮或太老的纖維，或用來削薄片，可以根據不同需求挑選適合的材質及尺寸。

剪刀

用來剪開食材，例如剪除草蝦的鬚、腳，或剪斷粉絲、海參，但必須與雜物用的剪刀分開，以避免污染食材。市面上有功能性豐富的料理剪刀可挑選，能同時開瓶、剪海鮮、蔬果，非常方便。

撈網

撈網適合撈取炸物，並撈出油渣，挑選時以孔洞不要太大，並配合鍋子直徑尺寸挑選為宜，勿買到比鍋面更大的撈網。使用完畢後洗淨，放陰涼處晾乾即可。

調理碗

用來浸泡食材或裝盛醬汁，例如：乾香菇、蝦米，使其軟化，或與醃料拌勻待入味使用。可依不同需求選購大小與材質。通常以不銹鋼、玻璃材質為佳，建議多準備幾個大小不同的調理碗。

打蛋器

適合攪拌蛋液或麵糊的攪拌工具，選購網狀鐵線比較有彈性，非常容易攪拌，能更輕鬆將食材混合均勻。

隔熱手套

端取湯鍋或拿烤盤時使用，材質以厚一點為宜，使用隔熱手套也可以避免手部燙傷。

增加美味的天然高湯

在調味料尚未普遍和多元的時代，大部分下廚者都會親手燉高湯，透過天然食材並小火慢慢熬煮，過濾後就是美味又營養的高湯，也成為健康的調味料。如下將提供三種最實用的高湯，包含：雞骨高湯、豬骨高湯、蔬菜高湯，讓大家充分運用到書中食譜，絕對暖心又暖胃！

雞骨高湯

份量 3000cc　　　　**保存期限** 冷凍14天

材料

雞骨胸架600g、洋蔥50g、白蘿蔔50g、水3000cc

【食材處理】

洋蔥、白蘿蔔切塊。

1 雞骨胸架放入熱水，以大火汆燙至變白，撈起後用清水清洗，去除雜質後瀝乾。

龍師傅烹調 Point

▶ 待高湯涼後，就能依需要的份量填入製冰盒，或是裝入保鮮夾鏈袋，放入冰箱冷凍，烹調時可以隨時取用。

2 雞骨胸架放入湯鍋，倒入水、洋蔥、白蘿蔔，以大火煮滾，轉中小火煮40分鐘，過濾後取高湯。

豬骨高湯

份量 4000cc　　**保存期限** 冷凍14天

● 材料
豬大骨600g、洋蔥100g
蒜仁40g、水4000cc

【食材處理】
〜 洋蔥切塊。

龍師傅烹調 **Point**

▶ 汆燙完成的豬大骨以清水洗淨，能避免後續烹煮過程有浮沫雜質，並且可以煮出清澈的高湯。

1 豬大骨放入熱水，以大火汆燙至變白，撈起後用清水清洗，去除雜質後瀝乾。

2 豬大骨放入湯鍋，倒入水、洋蔥、蒜仁，以大火煮滾，轉中小火煮50分鐘，過濾後取高湯。

蔬菜高湯

份量 3000cc **保存期限** 冷凍14天

● **材料**
洋蔥100g、紅蘿蔔60g
玉米60g、西洋芹100g
嫩薑20g、水3000cc

【食材處理】
〜 洋蔥、紅蘿蔔切塊。
〜 玉米、西洋芹切段。
〜 嫩薑切片。

1 所有材料放入湯鍋，以大火煮至沸騰。

2 轉中小火煮40分鐘，過濾後取高湯。

Part

1

餐廳必點家常好滋味

　　近幾年台式熱炒店如雨後春筍般出現在大街小巷，由於營業時間大部分在晚上，而且價格以百元一盤居多，真的吸引到許多光顧人潮。熱炒店的菜色，從冷盤、小炒、串烤、酥炸、現撈海鮮、炒飯、炒麵、湯品等，都超過百道以上，除了口味品項多樣化之外，熱絡的歡樂氣氛及價格非常親民，更是受到歡迎的因素。

▶ 烹調這道料理的重點在於火候的運用，油溫必須高達200℃以上，才能將軟絲外表炸金黃酥脆。

▶ 只使用蠔油簡單的調味，美味外也能嘗到海鮮原始風味。

▶ 軟絲可以換成中卷，盡量選擇肉質肥厚，才會鮮嫩多汁。這類軟體海鮮含水量高，所以務必用高溫短時間油炸完成。

蒜香軟絲

份量 3～4人份

材料

軟絲300g、青蔥30g、蒜仁20g、辣椒10g

【食材處理】

- 中卷切2×8cm長條。
- 青蔥切段。
- 蒜仁切末
- 辣椒切圈。

調味料

A 辣油2大匙

B 蠔油2大匙、白砂糖1小匙、米酒2大匙

1 準備一鍋玄米油，以大火加熱至200℃（更多且密集泡泡，油溫判斷P.21），放入軟絲，炸至金黃色，撈起後瀝乾油分備用。

台菜好味故事

傳統的芹菜炒花枝吃起來口感比較硬，近幾年許多餐廳幾乎用軟絲、中卷取代，它們的質地彈牙鮮甜而且香氣十足，成為台菜餐廳必點的菜色之一。

2 辣油倒入炒鍋，以小火加熱，放入蔥段炒香。

3 再加入調味料B、蒜末、辣椒、炸好的軟絲，轉大火拌炒均勻即可。

塔香三杯雞

份量 3～4人份

材料
帶骨雞腿1隻（350g）、辣椒10g、老薑50g
蒜仁30g、九層塔10g

【食材處理】
～ 帶骨雞腿切塊。
～ 辣椒、老薑切斜片。
～ 九層塔取葉。

調味料
A 黑麻油4大匙、米酒4大匙
B 醬油1大匙、醬油膏1大匙
　　 白砂糖1大匙

1 鍋中加入黑麻油，以小火加熱，放入老薑、蒜仁，炒至老薑乾扁狀。

台菜好味故事

三杯料理是台式傳統美味之一，就是醬油和糖之間的焦化作用，搭配黑麻油、老薑以及九層塔，其味道香味四溢，可用於海鮮、肉類及根莖類蔬菜，帶著濃郁台菜味道，非三杯料理莫屬。

2 再放入雞腿，炒至稍微金黃，加入調味料B，轉中火炒勻並醬汁呈現焦糖色。

3 接著放入辣椒、九層塔葉，拌炒均勻，起鍋起倒入米酒煮滾即可。

龍師傳烹調 Point

▶ 建議用三杯鐵燒來烹煮，味道更好。
▶ 老薑不可去皮，如此炒出來的味道才足夠。
▶ 醬油與白砂糖以小火煮至焦糖味出來，才能放入米酒拌炒。

▶ 加入市售鮭魚鬆，能讓炒飯增添鮮美的香氣與鹹度。

▶ 若擔心調味料炒不均勻，則可以和白飯混合再入鍋炒，會更方便。

▶ 炒飯用的白飯可以用隔夜飯，因為水分比較少，與食材容易炒均勻且入味。

▶ 烏魚子不可以沾水或米酒，只要將外層的膜衣剝除即可，剝除後才不會影響口感。

烏魚子炒飯

份量 2人份

材料
烏魚子70g、白飯300g、蒜苗30g、洋蔥40g
雞蛋1個、鮭魚鬆30g

【食材處理】
～ 蒜苗切末。
～ 洋蔥切末。

調味料
鹽1/2小匙、白胡椒粉1/2小匙
鮮味露1小匙

1 剝除烏魚子外層薄膜，再切成小丁；雞蛋打散，備用。

2 烏魚子放入180℃油鍋（油溫判斷P.21），炸至金黃色立即撈起。

台菜好味故事

烏魚子在喜慶宴會中是非常重要的食材之一，黃金色澤代表多金多子多福氣。傳統料理大部分炭火烤後切片，再搭配蒜苗與白蘿蔔片一起食用。多年前我將烏魚子加入餐廳的炒飯中，將它切粒後用高溫油炸至外表酥脆，再與白飯、蒜苗洋蔥等一起炒，非常受歡迎。

3 鍋中倒入2大匙葡萄籽油（份量外），以中火加熱，倒入蛋液、鮭魚鬆，拌炒至微凝固，加入洋蔥末、蒜苗末，快速拌炒至蛋香氣出來。

4 接著放入白飯，邊炒邊輕壓至均勻，再加入烏魚子、調味料炒勻即可。

花雕雞

份量 3～4人份

🍳 材料

帶骨雞腿1隻（350g）、生香菇10g
蒜仁20g、蘆筍60g

【食材處理】

～ 帶骨雞腿切塊。
～ 每朵香菇切4等份。
～ 蘆筍切段。

🍳 調味料

醬油膏2大匙
醬油1大匙
白砂糖1小匙
花雕酒120cc

1 雞腿加入醬油膏，拌勻後醃製3分鐘備用。

台菜好味故事

近幾年台菜流行加入大量的酒燒煮雞肉，而這道花雕雞就是具有濃郁酒香的料理，雞肉燒至入味並搭配健康食蔬，吃起來好下飯並令人吮指回味、香氣迷人。

2 鍋中加入2大匙葡萄籽油（份量外），以中火加熱至180℃（更多泡泡，油溫判斷P.21），放入醃好的雞腿，快速拌炒上色，再加入香菇、蒜仁、其他調味料炒勻並煮滾。

3 接著放入蘆筍，蓋上鍋蓋，轉小火燜煮1分鐘，讓湯汁稍微收乾即可。

金沙杏鮑菇

份量 3～4人份

材料

A　杏鮑菇200g、鹹蛋黃8個（135g）

B　青蔥20g、蒜仁20g、辣椒10g

【食材處理】

～ 杏鮑菇切2×6cm長條。

～ 青蔥、蒜仁、辣椒切末。

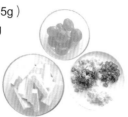

麵糊

A　中筋麵粉100g、太白粉50g
　　泡打粉1大匙、雞蛋1個

B　水80cc、葡萄籽油5大匙

調味料

白砂糖1小匙、鹽1/2小匙

1 鹹蛋黃放入以200℃預熱好的烤箱，烤約20分鐘至油脂釋放出來，取出後切成碎狀。

台菜好味故事

金沙是用鹹鴨蛋黃蒸熟或烤熟後切成碎狀，再與油炒成細沙狀，拌入海鮮、肉類或蔬菜的傳統台菜，鹹蛋黃能增加菜餚的香氣與口感，外觀似陽光照射下的沙灘，故取名為金沙。

2 麵糊材料A放入大碗，攪拌均勻，再分次倒入水，攪拌至成流狀的稠狀，接著倒入葡萄籽油拌勻，杏鮑菇條放入麵糊，均勻裹上一層麵糊備用。

接續下頁

3 準備一鍋玄米油，以大火加熱至180℃（更多泡泡），放入杏鮑菇條，炸至金黃色，撈起。

▶ 油炸溫度判斷，可以參見P.21。

龍師傅烹調 Point

▶ 炒金沙時，火候不宜太大，以免鹹蛋黃燒焦。使用新鮮的鹹蛋黃更佳。

▶ 調製麵糊時，水分需要慢慢加，不可以一次倒入。此麵糊適用所有根莖類食材的沾裹，例如：四季豆、地瓜。

4 鍋中倒入3大匙葡萄籽油（份量外），以中火加熱至140℃（微冒小泡泡），放入鹹蛋黃，快速炒成泡泡狀，放入杏鮑菇條，邊炒邊裹上鹹蛋黃糊至均勻，關火，放入材料B辛香料、調味料拌炒均勻即可。

鮮蚵烘蛋

份量 3～4人份

● 材料
鮮蚵100g、雞蛋3個、青蔥10g

【食材處理】
🥄 青蔥切末。

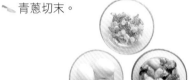

● 調味料
A　米酒2大匙、玄米油6大匙
B　鹽1/4小匙、白胡椒粉1/4
　　小匙、醬油1小匙

1 鮮蚵放入熱水，並加入米酒，以大火汆燙至八分熟，撈起後瀝乾備用。

2 雞蛋打散，加入調味料B、青蔥拌勻（攪拌至形成微微氣泡，才能產生膨鬆的口感）。

3 鍋中加入玄米油，以大火加熱至200℃（更多且密集泡泡，油溫判斷P.21），先撈起1大匙油備用，轉小火，將蛋汁倒入鍋中，煎至周圍凝固。

4 撈起的1大匙油淋入蛋的中心，用筷子以順時針
旋轉，讓蛋在鍋中均勻受熱至金黃，放入鮮蚵，
蛋翻面成半月形，繼續加熱至蛋完全凝固即可。

龍師傅烹調 **Point**

▶ 汆燙鮮蚵時，可以加入少許米酒，能去除腥味。

▶ 烘蛋的溫度必須超過200℃，並且油量足夠，才能烘得起來。

▶ 可以在蛋液中加入少許太白粉水，會更容易烘成功，但口感稍硬。

▶ 蛋液可以加入蝦仁、蘿蔔乾或九層塔，烘出不同風味的蛋料理。

台菜好味故事

台菜烘蛋成功需要技巧，
油量與火候必須控制得
宜，才能夠將蛋烘得漂
亮，外表金黃酥脆、內部
柔軟鮮嫩，吃起來不油
膩，才是美味的烘蛋。

蔥燒豆腐

份量 3～4人份

◎ 材料
A 板豆腐2塊（280g）
B 青蔥20g、蒜仁10g、嫩薑20g、辣椒10g

【食材處理】

～ 板豆腐對切成三角形。
～ 青蔥切段。
～ 蒜仁切末。
～ 嫩薑、辣椒切片。

◎ 調味料
醬油2大匙
白砂糖1大匙
米酒2大匙
水100cc

1 準備一鍋玄米油，以大火加熱至200℃（更多且密集泡泡，油溫判斷P.21），放入板豆腐，炸至金黃色，撈起後瀝油備用。

2 鍋中倒入2大匙葡萄籽油（份量外），轉小火，放入材料B，炒至香味出來，再加入調味料煮滾。

3 接著放入炸好的板豆腐，蓋上鍋蓋，燜煮1分鐘待入味即可。

龍師傳烹調 Point

▶ 起鍋前可以加入少許太白粉水勾芡，讓醬汁更濃郁。
▶ 避免選擇嫩豆腐，因為它的含水量太高，烹煮時容易破掉。
▶ 炸板豆腐的溫度需要超過200℃，並且油量足夠，才能炸成漂亮金黃色。

蒜泥白肉

份量 3～4人份

材料
豬五花肉300g、青蔥20g、老薑40g

【食材處理】
～ 豬五花肉切塊。
～ 青蔥切段。
～ 老薑切片。

調味料
A　米酒50cc、水600cc
B　蒜仁30g、醬油膏5大匙、醬油1大匙、白砂糖1大匙、辣油1小匙

1 青蔥、老薑、米酒、水放入湯鍋，以大火煮滾，轉小火，放入豬五花肉，續煮25分鐘，關火，蓋上鍋蓋，燜10分鐘至肉軟（可以用筷子輕鬆戳入），撈起後放涼。

台菜好味故事

傳統台菜的蒜泥白肉以水煮方式，才能保持肉的鮮美，搭配濃郁香甜蒜泥醬汁，可以讓味道達到平衡及多層次感。

2 調味料B拌勻為蒜泥醬汁。放涼的五花肉切成厚度0.3cm薄片，排入盤中，淋上蒜泥醬汁即可。

龐師傳烹調 Point

▶ 選擇溫體豬肉烹調，肉質口感佳。
▶ 白砂糖換成二砂糖，則蒜泥醬汁香味更濃郁。
▶ 製作蒜泥醬汁時，也可以用食物調理機或果汁機打勻。
▶ 煮豬五花肉的火候不宜太大，必須用小火泡煮的方式，才能讓肉質鮮嫩多汁。

龍師傅烹調 **Point**

▸ 豬小排骨需要用雞蛋醃製，因為蛋黃中的卵磷脂能讓豬肉組織軟化。

▸ 豬小排骨需要沾上地瓜粉當裹衣，放入油鍋炸後，外表才會酥脆。

▸ 辛香料青蔥、蒜、薑、辣椒先炒過才有香氣，且必須用小火炒，可避免炒焦。

椒鹽排骨

份量 3～4人份

◎ 材料
A 豬小排骨300g
B 辣椒20g、青蔥30g、蒜仁30g、嫩薑20g

【食材處理】
～ 豬小排骨切段。
～ 辣椒切圈。
～ 青蔥、蒜仁、嫩薑切末。

◎ 排骨醃料
醬油2大匙、米酒1大匙、雞蛋1/2個、太白粉1大匙、香蒜粉1/2小匙、玄米油2大匙

◎ 裹粉
地瓜粉4大匙

◎ 椒鹽粉
鹽1小匙、白胡椒粉1大匙

1 豬小排骨放入大碗，加入排骨醃料，充分拌勻後醃製30分鐘待入味，再裹上一層地瓜粉；椒鹽粉材料拌勻，備用。

台菜好味故事

椒鹽在台菜為常見的調味料，利用大量的辛香料炒香，例如：青蔥、薑、蒜、辣椒，其香氣結合炸過的肉類，再搭配胡椒鹽一起拌炒，真的非常絕配！

2 豬小排骨放入180℃玄米油鍋（更多泡泡，油溫判斷P.21），炸至金黃色後撈起。

3 鍋中倒入1大匙葡萄籽油（份量外），放入辣椒圈、蔥末、蒜末、嫩薑末，以小火炒香，再放入炸好的排骨、椒鹽粉，翻炒均勻即可。

51

三杯米血大腸

份量 3～4人份

材料
滷大腸150g、米血糕100g、蒜仁30g、老薑50g
洋蔥50g、辣椒10g、九層塔20g

【食材處理】
- 滷大腸切5cm段。
- 米血糕、老薑、洋蔥切小塊。
- 辣椒切斜片。
- 九層塔取葉。

調味料
A 黑麻油4大匙、米酒3大匙
B 醬油1大匙、醬油膏1大匙
　 白砂糖1大匙

1 鍋中加入黑麻油，以小火加熱，放入蒜仁、老薑，炒至老薑乾扁狀。

台菜好味故事

這是三杯料理的變化版，加入滷好的大腸及米血糕，即有不同口感，香氣十足且味道多層次。

2 再放入米血糕、滷大腸、洋蔥，轉大火炒至上色，再倒入調味料B炒均勻，轉中火煮至醬汁呈焦糖色。

3 加入辣椒、九層塔葉炒勻，起鍋前倒入米酒煮滾即可。

龍師傳烹調 Point
- 米血糕可以先蒸軟再烹調，口感更佳。
- 老薑不需要去皮，炒過後味道才足夠。
- 醬油和白砂糖以小火煮至焦化，才能倒入米酒。

紅燒腳筋

份量 3～4人份

材料

A 豬蹄筋（泡發）200g

B 青椒20g、嫩薑10g、青蔥20g
　蒜仁20g、辣椒10g

【食材處理】

～ 青椒、嫩薑切小塊。
～ 青蔥切圈。
～ 蒜仁切末。
～ 辣椒切斜片。

調味料

A 蠔油2大匙、醬油1小匙、
　白砂糖1小匙、米酒1大
　匙、水100cc

B 太白粉水2大匙（太白粉1
　大匙、水3大匙拌勻）、
　香油1大匙

1 豬蹄筋放入熱水，以大火汆燙1分鐘，撈起後瀝乾備用。

2 鍋中加入2大匙葡萄籽油（份量外），以小火加熱，放入材料B炒香。

台菜好味故事

這道料理大部分出現在慶典年節時，豬蹄筋的漲發過程非常繁複，在漲發的過程中必須注意火候控制，是台菜中處理稍費工的料理。

3 再倒入調味料A、豬蹄筋，拌炒均勻，接著加入拌勻的太白粉水勾芡並煮滾，起鍋前加入香油。

龍師傅烹調 Point

▶ 泡發豬蹄筋是泡入炸過的油一夜，才發得起來。

▶ 不宜挑選太白的泡發豬蹄筋，以偏黃的品質為佳。

龍師傅烹調 **Point**

▶ 可以原味優格替換美乃滋,更健康且美味。

▶ 彩色調味芝麻粒可用熟白芝麻、黑芝麻混合使用。

▶ 蝦仁需要用全蛋醃製,因為蛋能讓蝦仁彈牙且爽口。

▶ 油炸全程用大火,快速並一次炸完後立即撈起,避免在鍋中烹調太久。

鳳梨蝦球

份量 3～4人份

◎ 材料
草蝦仁250g、鳳梨100g、美乃滋50g
彩色調味芝麻粒2小匙

【食材處理】
～ 草蝦仁剖背後挑除腸泥。
～ 鳳梨切小塊。

◎ 蝦仁醃料
A 鹽1/4小匙、米酒1大匙
　蛋白1/2個、玉米粉1大匙
B 葡萄籽油2大匙

◎ 麵糊
太白粉4大匙、雞蛋1/2個
葡萄籽油2大匙、水2大匙

1 草蝦仁表面水分吸乾，加入醃料A拌勻，再倒入葡萄籽油拌勻，醃製10分鐘，再裹上一層拌勻的麵糊備用。

2 準備一鍋玄米油，以大火加熱至200℃（更多且密集泡泡，油溫判斷P.21），將裹上麵糊的蝦仁放入鍋中，炸至金黃色，撈起後瀝油，盛盤。

3 放上鳳梨片，擠上美乃滋，再撒上彩色調味芝麻粒。

台菜好味故事

這是一道以水果入菜的經典台菜，也是台菜餐廳的招牌料理，蝦仁不可加熱太久，以免肉質變老且美味流失。

蔭豉鮮蚵

份量 3～4人份

◆ 材料
鮮蚵300g、青蔥20g、辣椒10g、蒜仁20g

【食材處理】
〜 青蔥、辣椒切圈。
〜 蒜仁切末。

◆ 調味料
A 豆豉10g、醬油1大匙、
　白砂糖1小匙、醬油膏1小
　匙、水50cc
B 太白粉水1小匙（太白粉1
　小匙、水3小匙拌勻）

1 鮮蚵放入熱水，以大火汆燙至
八分熟，撈起後瀝乾備用。

2 鍋中加入2大匙葡萄籽油（份
量外），以小火加熱至160℃
（密集小泡泡，油溫判斷P.21），
再放入豆豉、其他材料炒香。

3 接著倒入其他調味料B、燙好
的鮮蚵，輕輕且快速炒勻，倒
入拌勻的太白粉水勾芡並煮滾。

台菜好味故事

台灣四周環海地形之故，鮮
蚵成為台菜常用的海鮮料，
使用鹹香的豆豉、簡單的辛
香料拌炒，讓鮮蚵更添美味
和香氣。

白斬雞

份量 8～10人份

台菜好味故事

白斬雞在台菜中多為宴席冷盤或是下酒菜，因為烹煮雞肉的時候不加任何調味料，所以稱為白斬雞。白斬雞要做到肉鮮嫩不乾澀，必須以水煮、燜泡、泡冰塊快速冷卻，猶如洗三溫暖，才能保持肉的鮮美，並吃到雞肉的原味。

● 材料

帶骨雞腿2隻（350g）、青蔥20g、老薑40g

【食材處理】

✎ 青蔥切段。

✎ 老薑切片。

● 調味料

A 米酒50cc、鹽1大匙、
水700cc

B 辣椒片10g、蒜仁30g、
青蔥末10g、醬油膏6大
匙、醬油1大匙、白砂
糖2大匙

龍師傳烹調 Point

▶ 切除下來的雞骨可以拿來熬高湯，做
法參見P.27。

▶ 蒜泥醬汁的白砂糖，也可以二砂糖替
換，醬香味更濃郁。

▶ 雞腿放入鍋中煮時，火候不宜太大，
且必須用小火泡煮的方式，才能保持
鮮嫩多汁。

1 鍋中放入青蔥、老薑、調味料
A，以大火煮滾。

2 轉小火，放入帶骨雞腿，續煮10分鐘，關火，蓋上鍋蓋，再燜10
分鐘，用筷子輕鬆戳入雞腿肉表示熟了，撈起後放入調理盆，立即
加入冰塊，泡涼。

3 調味料B放入手持式均質機
（或食物調理機），攪打均勻
即為蒜泥醬汁。

4 將泡涼的帶骨雞腿瀝乾水分，準備比較尖長的刀子去骨，將雞腿肉面朝上，先在連接身體與腿的筋膜處劃刀，翻回正面後再切斷，並扭轉至完全分開，形成兩截。

5 雞腿肉朝上，將刀尖刺進雞腿前端的肉與骨頭之間，左手壓著雞腿，右手用力把尾端切開，這時候會看到肉、骨頭快要分開了，刀尖和刀背緊靠骨頭，再小心且慢慢把肉和骨頭刮開，完整刮開後在關節處切斷。

6 左手拉起骨頭，右手持續將肉慢慢刮下來，這個地方有許多筋膜，所以要小心且慢慢仔細刮好即完成去骨，切塊後排盤，淋上蒜泥醬汁即可。

五味透抽

份量 3～4人份

材料
透抽300g、青蔥20g、蒜仁30g
嫩薑20g、辣椒20g

【食材處理】
~ 透抽切格紋片（P.18）。
~ 青蔥、蒜仁、嫩薑切末。
~ 辣椒切圈。

調味料
A 米酒3大匙、鹽1小匙
B 番茄醬10大匙、白砂
糖3大匙、白醋1大
匙、烏醋1大匙、新
鮮檸檬汁2大匙

1 透抽放入熱水，並加入調味料A，以大火汆燙10
秒鐘至捲曲，撈起後瀝乾，盛盤並放涼。

台菜好味故事

五味醬味道層次多，是
台菜的經典且實用醬
料，透過辛香料的味道
拌入番茄醬，特別適合
海鮮類沾醬和淋醬。

2 調味料B放入手持式均質機
（或果汁機），攪打均勻即為
五味醬。

3 將五味醬淋
在燙好的透
抽即可。

龍師傅烹調 Point

▸ 透抽盡量選擇肉質肥厚，才會
鮮嫩多汁。
▸ 調製五味醬時，器具不可以碰
到水，醬汁才容易保存，放入
冰箱能冷藏3天。
▸ 透抽可以換成軟絲，在內面切
格紋片，汆燙後才會捲曲。

水晶鮮蚵

份量 3～4人份

◎ 材料
A 鮮蚵250g
B 蒜苗20g、嫩薑30g、辣椒20g、蒜仁20g

【食材處理】
～ 蒜苗、嫩薑切末。
～ 辣椒切圈。

◎ 裹粉
地瓜粉3大匙

◎ 調味料
醬油膏6大匙、醬油1大匙
白砂糖1大匙、辣椒末10g
蒜苗末20g、蒜仁30g

1 鮮蚵沾裹一層地瓜粉，再放入熱水，以中火煮至
透明狀，立即撈起後放入冷開水備用。

台菜好味故事

水晶蚵也是經典台菜之
一，會先沾一層地瓜
粉，遇到熱水形成水晶
般的保護膜，讓鮮味保
留住。

2 調味料放入手持式均質機（或
果汁機），攪打均勻即為蒜泥
醬汁。

3 水晶鮮蚵瀝乾
後盛盤，淋
上蒜泥醬汁，撒
上材料B即可。

龍師傅烹調 **Point**

▶ 水晶鮮蚵搭配蒜苗末，能增
添風味。
▶ 鮮蚵煮至熟呈透明狀，立
即放入冷水中，才能變成
水晶狀且Q彈口感。

▶ 魩仔魚炒過之後，能增加香氣並去除腥味。

▶ 湯汁帶入一點芡汁，調味料比較容易黏附杏菜。

▶ 汆燙杏菜時，可以在水裡加入1大匙油，加速軟化。

杏菜魩仔魚

份量 3～4人份

材料

魩仔魚40g、杏菜200g、蒜仁20g、青蔥10g

【食材處理】

- 杏菜切段。
- 蒜仁切末。
- 青蔥切圈。

調味料

A 鹽1小匙、葡萄籽油1小匙

B 雞骨高湯150cc（P.27）、鹽1/4小匙、米酒1大匙

C 太白粉水1大匙（太白粉1/2大匙、水2大匙拌勻）、香油1大匙

1 杏菜放入熱水，並加入調味料A，以大火汆燙至熟，撈起後瀝乾，盛入盤中備用。

2 鍋中加入高湯，以大火煮滾，放入蒜末、青蔥、魩仔魚炒勻，加入其他調味料B拌勻。

3 最後倒入太白粉水勾芡並煮滾，淋上香油，再倒入杏菜盤上即可。

台菜好味故事

這道料理特色是將海味與蔬菜結合，是經典台菜之一，而且必須用杏菜才對味，並利用魩仔魚的鮮味，讓杏菜吃起來更加滑順。

紅燒鮮魚

份量 3～4人份

🍳 **材料**
吳郭魚1尾（500g）、青蔥20g、蒜仁20g
嫩薑10g、辣椒10g

【食材處理】
🍃 吳郭魚剖肚後去除內臟並洗淨。
🍃 青蔥切段。
🍃 蒜仁切末。
🍃 嫩薑、辣椒切片。

🍳 **調味料**
A 醬油3大匙、白砂糖1大匙、
　米酒2大匙、烏醋2大匙、水
　200cc
B 太白粉水2大匙（太白粉1大
　匙、水3大匙拌勻）、香油1
　大匙

1 吳郭魚兩面皆劃井字刀，擦乾表面水分備用。

2 吳郭魚放入200℃玄米油鍋（油溫判斷P.21），炸至金黃色後撈起。

3 鍋中倒入2大匙葡萄籽油（份量外），以小火加熱，放入其他材料炒香，加入調味料A、吳郭魚，燒煮至吳郭魚入味。

4 再倒入太白粉水勾芡並煮滾，接著加入香油即可。

龐師傅烹調 **Point**

▶ 盛盤前也可以加烏醋，增添風味。
▶ 在吳郭魚身上劃刀痕，比較容易熟且充分吸收醬汁。

塔香蛤蜊

份量 3〜4人份

材料

A　蛤蜊400g、九層塔20g

B　蒜仁20g、辣椒10g、嫩薑10g

【食材處理】

～ 蛤蜊泡鹽水待吐砂。

～ 九層塔取葉。

～ 蒜仁切末。

～ 辣椒切圈。

～ 嫩薑切片。

調味料

醬油2大匙

白砂糖1小匙

米酒1大匙

烏醋1小匙

水100cc

龍師傅烹調 Point

▶ 嫩薑需要去皮，炒出來才好吃。

▶ 拌炒時必須用大火且快炒，不可以在鍋中太久，以免蛤蜊肉質變老。

▶ 蛤蜊買回來必須先泡入鹽水待吐砂（以鹽：水＝鹽1大匙：水500cc拌勻），水量必須蓋過蛤蜊，待吐砂後洗淨即可。

1 鍋中加入2大匙葡萄籽油（份量外），以小火加熱，放入材料B炒香。

2 再加入蛤蜊，轉大火炒到殼打開，接著放入調味料炒勻，最後加入九層塔拌炒均勻即可。

▶ 在午仔魚身上劃刀痕，可以加速蒸熟時間，並且樹子醬容易滲入魚身更入味。

樹子鮮魚

份量 3～4人份

🍳 **材料**
午仔魚1尾（450g）、青蔥30g、辣椒5g、蒜仁20g

【食材處理】
- 午仔魚剖肚後去除內臟並洗淨。
- 青蔥、辣椒切絲。
- 蒜仁切末。

🍳 **調味料**
A 樹子醬2大匙、醬油2大匙、香菇素蠔油3大匙、米酒1大匙、水150cc
B 香油1大匙

1 午仔魚兩面皆劃一刀，擦乾表面水分；蒜末和調味料A拌勻，備用。

2 午仔魚放入長盤，鋪上拌勻的樹子醬，放入蒸籠，以大火蒸15分鐘至熟。

3 將青蔥絲、辣椒絲放午仔魚身，淋上香油，蒸1分鐘。

台菜好味故事

樹子醬是台菜傳統的醃製醬料之一，適合與海鮮或肉類搭配，只要幾顆，就能讓食材增加甘甜滋味。

▶ 炒軟的蔬菜與蛋汁拌勻，炒的
　時候才會融合一起。

▶ 必須將洋蔥芯取出再切絲，因
　為會發芽不宜食用。

▶ 素魚翅是用海藻抽取物製成，
　所以不適合用熱水泡發變軟。

桂花炒翅

份量 3～4人份

材料

A　素魚翅（乾）30g、雞蛋5個
B　乾香菇（泡軟）30g、洋蔥100g、青椒60g
　　紅蘿蔔50g、洋火腿20g、魚板20g

調味料

鹽1/2小匙、白胡椒粉1/4小匙、醬油1小匙

【食材處理】

〜 素魚翅泡入冷水15分鐘待軟。
〜 香菇切除蒂頭後切絲。
〜 洋蔥、青椒、紅蘿蔔、
　 洋火腿、魚板切絲。

台菜好味故事

「桂花」之意非放入新鮮桂花炒，而是將打勻的蛋汁，利用油的溫度炒成似桂花的小顆粒狀，是一道取其「形」的台灣料理，還可以延伸成如下佳餚，例如：桂花蝦、桂花蟳、桂花蟹等。

1 雞蛋打散，加入調味料拌勻備用。

2 鍋中加入2大匙葡萄籽油（份量外），以小火加熱，放入香菇絲、洋蔥絲炒香，再放入其他材料B，慢慢炒軟後盛起，並與做法1蛋汁拌勻。

3 鍋中放入2大匙葡萄籽油（份量外），以中火加熱至160℃（密集小泡泡，油溫判斷P.21），蔬菜蛋液倒入鍋中，炒至出現蛋香，再加入瀝乾的素魚翅炒勻。

【學會滷大腸】

材料：

豬大腸頭1條（200g）、青蔥段30g、嫩薑片40g

調味料：

醬油100cc、白砂糖2大匙、白胡椒粉1小匙、米酒100cc、水1000cc

做法：

1 豬大腸頭、青蔥、嫩薑放入熱水，以中火煮滾，撈起後洗淨。

2 另外取一個湯鍋，加入調味料、大腸頭，以中火煮滾，蓋上鍋蓋，
  轉小火滷1小時至大腸頭軟即可。

五更腸旺

份量 3～4人份

材料

A 鴨血200g、滷大腸100g

B 蒜仁10g、蒜苗40g、鹹菜40g

【食材處理】

➳ 鴨血切小塊。

➳ 滷大腸切3cm段。

➳ 蒜仁切末。

➳ 蒜苗、鹹菜切片。

調味料

A 辣豆瓣醬1大匙、醬油1大匙、白砂糖1小匙、米酒1大匙、甜酒釀1大匙、水200cc

B 太白粉水1大匙（太白粉1/2大匙、水2大匙拌勻）

1 鴨血、滷大腸放入湯鍋，並加入白醋30cc（份量外），以大火汆燙1分鐘，撈起後瀝乾。

2 鍋中加入2大匙葡萄籽油（份量外），以小火加熱，放入材料B炒香，再倒入辣豆瓣醬炒香。

3 接著加入其他調味料A、鴨血和滷大腸，轉大火煮滾，最後倒入太白粉水勾芡並煮滾即可。

台菜好味故事

五更腸旺是著名的辣味台菜，更是台菜餐廳必點料理，非常開胃又下飯。五更腸旺用的酒精爐相似古時候入夜後所點的小火爐，而「腸」指豬大腸，「旺」是指鴨血、雞血、豬血，所以得其名。

龍師傅烹調 Point

▸ 辣豆辦醬需要先炒過，香氣才會出來。

▸ 使用甜酒釀可以綜合辣度，使口感更加滑潤。

沙茶牛肉

份量 3～4人份

◎ 材料
牛里肌肉400g、蒜仁20g
辣椒10g、空心菜100g

【食材處理】
～ 牛里肌肉切片。
～ 蒜仁切末。
～ 辣椒切斜片。
～ 空心菜切段。

◎ 牛肉醃料
A 醬油1大匙、醬油膏1大匙、米酒
　1大匙、雞蛋1個、太白粉1大匙
B 玄米油2大匙

◎ 調味料
A 鹽1/4小匙、水2大匙、米酒2大匙
B 沙茶醬2大匙、醬油1大匙、米酒
　1大匙、白砂糖1小匙、太白粉水
　1大匙（太白粉1/2大匙、水1/2大
　匙拌勻）

1 牛里肌肉片與醃料A拌勻，再
　倒入玄米油拌勻，醃製30分鐘
待入味。

2 空心菜、蒜仁、辣椒和調味料
　A拌勻；調味料B拌勻，備用。

台菜好味故事

沙茶是從福建廈門傳過來的
調味，除了用在火鍋沾料，
台菜也運用在牛肉、羊肉及
豬肉上，增加香氣以及增進
進食欲。

接續下頁

3 牛里肌肉片放入200℃玄米油鍋（更多且密集泡泡，油溫判斷P.21），快速攪拌10秒鐘，撈起後瀝油。鍋中倒入1大匙葡萄籽油（份量外），放入調味空心菜，以大火炒熟後盛盤。

龍師傅烹調 **Point**

▶ 牛里肌肉逆紋切為佳。

▶ 炒空心菜時，加入適量點米酒、鹽，可以去除菜的菁味。

▶ 沙茶必須先炒過才有香氣，並以小火慢慢炒，能避免炒焦。

▶ 牛肉需要用蛋液醃製，因為蛋黃中的卵磷脂能讓牛肉組織軟化。

4 鍋中倒入1大匙葡萄籽油（份量外），以中火加熱，拌勻的調味料B倒入鍋中，炒至沙茶香味出來，放入牛里肌肉片，快速炒勻，淋在空心菜上。

砂鍋魚頭

份量 8～10人份

● 材料

A 鰱魚頭1個（700g）、蒜苗30g

B 大白菜350g、蝦仁100g、海參200g、
生黑木耳30g、板豆腐1個（140g）、
魚板40g、鱈魚丸40g

● 調味料

沙茶醬4大匙、醬油2大匙
白砂糖1大匙、水1500cc

【 食材處理 】

〜 蒜苗切斜片。

〜 大白菜、魚板切片。

〜 蝦仁挑除腸泥。

〜 海參、生黑木耳切小塊。

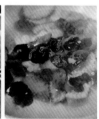

1 鰱魚頭放入200℃玄米油（更多且密集泡泡，油溫判斷P.21），炸至金黃色，撈起。

2 大白菜放入熱水，以大火汆燙至軟，撈起；再將蝦仁、海參放入熱水，以大火汆燙10秒鐘，撈起，備用。

龍師傅烹調 **Point**

▶ 蒜苗先入鍋炒香，再放入砂鍋煮，香氣更容易釋出。

▶ 鰱魚頭因為有土味，建議用老油炸，則魚頭會比較香。

3 鍋中加入2大匙葡萄籽油（份量外），以小火加熱，放入蒜苗炒香，加入沙茶醬、醬油、白砂糖炒勻，再倒入水，轉大火煮滾即為沙茶湯。

4 取一個砂鍋（或湯鍋），鱙魚頭放最下方，再放入材料B，並倒入沙茶湯，以大火煮滾且所有食材熟即可。

從福建廈門流傳到台灣的沙茶，近幾年台菜料理也經常運用沙茶烹調，甚至深入大家的家庭料理，是廣受歡迎的好滋味。

白鯧粿條鍋

份量 6人份

材料

白鯧魚1尾（300g～400g）、粿條300g
芹菜60g、紅蔥酥20g

【食材處理】

～ 白鯧魚去除內臟並洗淨。
～ 粿條切條。
～ 芹菜切末。

調味料

雞骨高湯1200cc（P.27）
鹽1小匙、白胡椒粉1/2小匙
香油1大匙

1 鍋中加入2大匙葡萄籽油（份量外），以中火加熱，放入白鯧魚，煎至兩面金黃，取出備用。

2 粿條放入熱水，以大火煮2分鐘，撈起後瀝乾。雞骨高湯倒入湯鍋，放入粿條及調味料，以大火煮滾。

3 轉小火，放入煎好的白鯧魚、芹菜末、紅蔥酥，再次煮滾且入味即可。

台菜好味故事

傳統米粉湯在以前的酒家，都會加入白鯧或旗魚，增添料理的高貴性，我將米粉換成粿條，讓你重新感受老菜新吃的美味。

龍師傳烹調 Point

▶ 粿條先汆燙，比較容易煮入味。
▶ 白鯧魚先油煎過，才會產生香氣。

瓜仔雞湯

份量 6人份

材料
帶骨雞腿2隻（400g）、青蔥20g
嫩薑10g、蔭瓜罐頭160g

調味料
醬油1大匙、白砂糖1小匙
雞骨高湯1500cc（P.27）

【食材處理】

～ 帶骨雞腿剁成小塊。

～ 青蔥切段。

～ 嫩薑切片。

1 帶骨雞腿放入熱水，以大火汆燙至變白，取出後用清水洗除雜質，撈起後瀝乾。

台菜好味故事

瓜仔雞味道鹹香濃郁，是許多人小時候的美味記憶，而且一定要用蔭瓜才能煮出好味道，是一道媽媽幸福好滋味。

2 鍋中放入雞腿、薑片、蔭瓜連汁及調味料，以大火煮滾。

3 轉小火，再加入青蔥段，續煮至雞肉熟即可。

龍師傳烹調 **Point**

▶ 蔭瓜的湯汁一起入鍋煮，能增添風味。

▶ 汆燙好的雞腿肉必須泡入清水洗除雜質，如此煮好的湯才會清澈無腥味。

鹹菜鴨湯

份量 4人份

材料
帶骨鴨腿2隻（500g）、鹹菜心100g
嫩薑20g、紅蘿蔔20g、青蔥10g、蒜仁40g

【食材處理】
~ 帶骨鴨腿去骨（骨頭留著煮高湯）。
~ 鹹菜心、嫩薑、紅蘿蔔切片。
~ 青蔥切段。

鴨骨高湯
鴨腿雞骨2隻、洋蔥塊100g
水1000cc

調味料
鹽1/2小匙、白醋1大匙
米酒2大匙、白砂糖1小匙

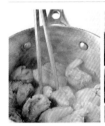

1 鴨骨高湯材料以大火煮滾，轉小火煮50分鐘，過濾即為鴨骨高湯。

2 鍋中加入1大匙葡萄籽油（份量外），以小火加熱，放入鴨腿肉炒香，再加入嫩薑、蒜仁、紅蘿蔔、鹹菜心炒香。

台菜好味故事
鴨肉烹煮法可以採蒸的方式，能讓肉質變軟，且保留住甜度。鴨肉搭配鹹菜及薑絲，香氣和味道更佳。

3 接著倒入鴨骨高湯，轉大火煮滾，再加入調味料、青蔥段煮滾即可。

龍師傅烹調 Point
▶ 鴨腿去骨可以請攤販代為處理。
▶ 鹹菜心可以先用熱水汆燙，去除鹹度後使用。
▶ 鴨肉可帶骨與高湯直接烹煮，但是湯頭會比較濁。

91

龍師傅烹調 ^{Point}

▶ 泡乾干貝的水可以一起入
　鍋煮，能增添鮮味。
▶ 蒜仁可以先放入蒸籠，以
　大火蒸20分鐘，味道比較
　容易出來。

蒜頭干貝雞鍋

份量 4人份

🥄 **材料**
帶骨雞肉600g、乾干貝60g、蛤蜊150g
小魚乾20g、青蔥20g、蒜仁60g

🥄 **調味料**
鹽20g、米酒20cc
雞骨高湯1000cc（P.27）

【食材處理】

～ 帶骨雞肉剁成小塊。
～ 蛤蜊泡入鹽水帶吐砂。
～ 青蔥切段。

1 雞肉放入熱水，以大火汆燙至變白，取出後用清水洗除雜質，撈起後瀝乾；乾干貝泡水待軟。

台菜好味故事

傳統台菜習慣將蒜仁和海鮮搭配，但蒜仁、雞肉、干貝一起結合，更能帶出湯頭鮮味。

2 鍋中放入雞肉、蒜仁、瀝乾的干貝、青蔥段、小魚乾與調味料，以大火煮滾。

3 轉小火續煮20分鐘，待蒜仁香味出來，再放入蛤蜊，煮至蛤蜊殼打開即可。

▶ 豬小排骨可換成豬里肌肉、梅花肉。

▶ 螺肉不可以煮太久，以免味道流失及肉質變硬。

▶ 乾魷魚不能用水泡發，以免腥味太重且口感不佳。

魷魚螺肉蒜鍋

份量 6人份

材料
豬小排骨200g、乾魷魚70g、芹菜160g
蒜苗100g、螺肉罐頭300g

【食材處理】
- 豬小排骨切小塊。
- 乾魷魚剪小塊。
- 芹菜切段。
- 蒜苗切斜片。

調味料
雞骨高湯1000cc（P.27）
醬油1大匙
白胡椒粉1大匙

1 豬小排骨放入熱水，以大火汆燙至變白，取出後用清水洗除雜質，瀝乾水分。

2 乾魷魚放入180℃玄米油鍋（更多泡泡，油溫判斷P.21），炸至捲曲，撈起備用。

3 鍋中加入1大匙葡萄籽油（份量外），以小火加熱，放入芹菜、蒜苗炒香，再加入豬小排骨、乾魷魚、螺肉連汁、高湯，以大火煮滾。

4 轉小火，續煮15分鐘至排骨入味，再加入醬油、白胡椒粉調味即可。

台菜好味故事

這是北投經典酒家菜，各家做法皆不同，但共同特色為味道濃郁、鹹甜適中。

Part

2

重溫經典台菜色香味

　　台灣婚宴文化非常特別，從民國六、七年代講求澎湃和熱鬧的外燴辦桌，辦桌依形式區分有結婚宴、歸寧宴、滿月宴、生日壽宴等，到現代以結婚新人為主、菜色精緻小巧為訴求的婚宴廣場，但當中有許多菜色未隨時間而消失，更是經典且富喜氣意義好滋味，例如：花好月圓、紅蟳米糕、佛跳牆、烏魚子捲等，都是在婚宴中必吃的料理。

布袋雞

 8～10人份

台菜好味故事

這是由杭州名菜「叫化雞」改良而來的料理,在不破壞整隻雞的形體下,將其完整去骨。全雞去骨後填入多種山珍海味餡料,先蒸鎖住肉汁,再經過高溫油炸,形成外酥內嫩口感,為台菜頗具費工的功夫菜之一。

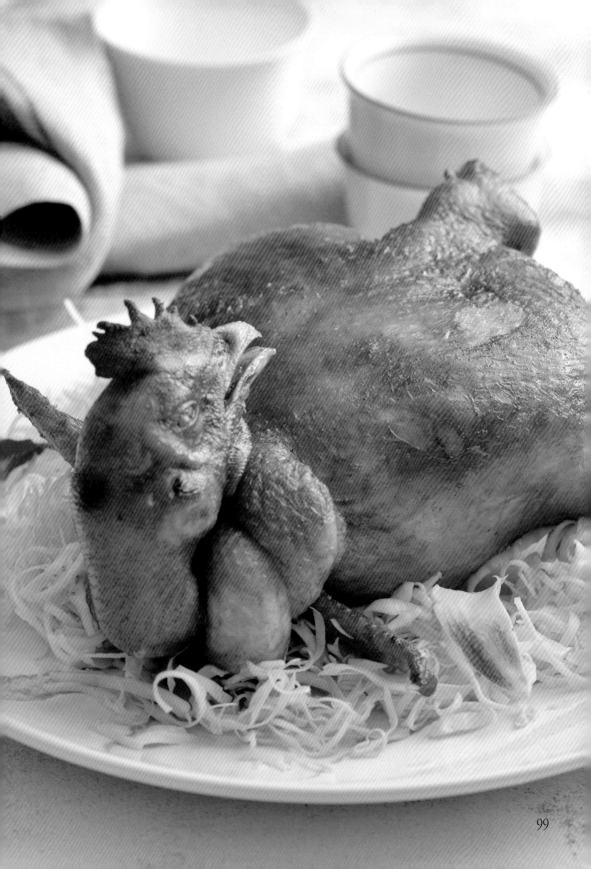

材料

A 雞1隻（1500g）

B 洋火腿60g、紅蘿蔔60g、乾香菇（泡軟）
70g、蝦米20g、生蓮子80g

【食材處理】

～ 洋火腿去邊後切小丁。

～ 紅蘿蔔、乾香菇切小丁。

調味料

醬油2大匙、白砂糖1大匙
白胡椒粉1小匙
五香粉1/2小匙、水200cc

雞醃料

醬油4大匙、米酒5大匙
鹽1大匙、白胡椒粉1小匙

1 蝦米泡水待軟；生蓮子放入熱
水，以大火煮15分鐘，撈起後
瀝乾，備用。

2 鍋中倒入2大匙葡萄籽油（份
量外），以中小火加熱，放入
乾香菇、蝦米炒香，再加入其他材
料B炒勻，倒入調味料煮滾，轉小
火燜煮10分鐘，盛起後放涼。

龍師傅烹調 Point

▶ 可以在整隻雞外表淋上麥芽糖醋水，直接小火炸熟。

▶ 餡料可以加入米類，能增加飽足感，但建議米可以先炒至五分熟（半熟）。

▶ 為雞去骨動作不能太粗魯，才不會把皮弄破，若無法自行為整隻雞去骨，可以
請雞販代為處理。

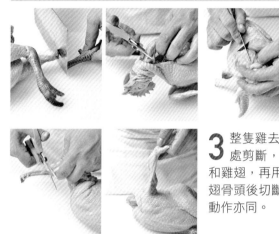

3 整隻雞去骨，剁除雞腳，在雞脖子與雞胸交接處剪斷，並劃一刀約**5cm**刀痕，小心拉出脖子和雞翅，再用刀子慢慢剝下骨頭間的筋膜，挑出雞翅骨頭後切斷關節，再翻回正面，另一邊雞翅去骨動作亦同。

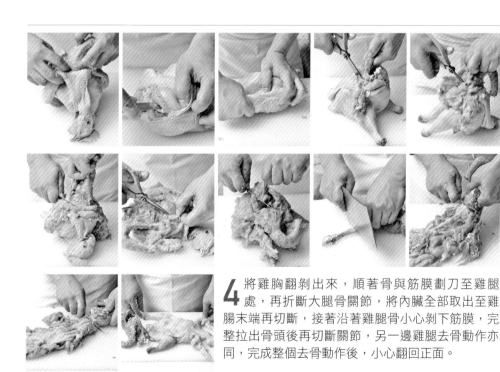

4 將雞胸翻剝出來，順著骨與筋膜劃刀至雞腿處，再折斷大腿骨關節，將內臟全部取出至雞腸末端再切斷，接著沿著雞腿骨小心剝下筋膜，完整拉出骨頭後再切斷關節，另一邊雞腿去骨動作亦同，完成整個去骨動作後，小心翻回正面。

5 用雞醃料均勻塗抹雞肉內外,雞脖子折好後用翅膀打結,再用長竹籤固定好脖子缺口,靜置30分鐘待入味。

6 餡料塞入雞肉內部,用長竹籤把尾部開口封住,再放入蒸籠,以中火蒸25分鐘至熟後取出。

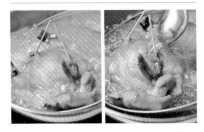

7 蒸好的全雞放入200℃玄米油鍋(更多且密集泡泡,油溫判斷P.21),用澆淋方式炸至金黃酥脆,撈起後瀝乾即可。

玉樹上湯雞

份量 8～10人份

● 材料
雞1隻（1500g）、青江菜350g、
沙拉筍100g、乾香菇（泡軟）
50g、洋火腿100g

【食材處理】
～ 沙拉筍、乾香菇、洋火腿切尺
寸相同的片狀。

● 調味料
A 鹽1小匙、米酒1大匙、
雞骨高湯200cc（P.27）
B 太白粉水2大匙（太白粉
1大匙、水3大匙拌勻）

1 雞放入蒸籠，以大火蒸25分鐘，取出後放涼；青
江菜放入熱水，以大火汆燙至軟，撈起後泡入冷
水，備用。

龍師傳烹調　Point

▸ 雞肉蒸完後要放涼再切
件，肉才不會散開。
▸ 汆燙好的青江菜，需要泡
入冷水，才能保持翠綠。

2 雞肉切件步驟，先將雞腳、脖子剁下，再取下兩邊翅膀、雞腿。

3 接著從雞胸中間直切成半,片下雞胸肉,並用刀背拍扁成羽毛狀,其他雞肉部位切成斜片狀備用。

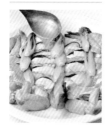

4 依序夾入雞肉、香菇、沙拉筍、洋火腿,重覆此動作至完成,用刀背小心移入大盤,排入羽毛狀雞胸肉,擺上瀝乾的青江菜。

5 調味料A倒入鍋中,以大火煮滾,加入太白粉水勾芡並煮滾,淋於雞肉上即可。

台菜好味故事

玉樹上湯是以刀功取其形,將去骨的雞肉切片與蔬菜交疊後,再淋上煮滾並勾芡的雞汁,也是傳統台菜料理之一。

105

龍師傅烹調 Point

▶ 調味時，白醋可以在關火前加入，能保
　持蔬菜的青翠顏色。

▶ 炸好的鱸魚不宜放入鍋內與蔬菜一起
　煮，如此才能保持魚的完整性。

▶ 鱸魚在入鍋油炸前，必須先沾粉，能避
　免返潮，並且油溫高，才會炸得酥香。

五柳枝魚

份量 6人份

材料

A 鱸魚1尾（600〜700g）、蒜仁20g

B 青椒50g、沙拉筍70g、紅蘿蔔60g、乾香菇（泡軟）50g、洋蔥100g

【食材處理】

〜 鱸魚剖肚後去除內臟並洗淨。

〜 蒜仁切末。

〜 材料B分別切絲。

裹粉

米酒4大匙、地瓜粉4大匙

調味料

A 醬油1/2大匙、白砂糖3大匙、白醋5大匙、水200c

B 太白粉水2大匙（太白粉1大匙、水3大匙拌勻）、香油1大匙

1 在鱸魚兩面各劃上兩刀，均勻抹上米酒，並沾上一層地瓜粉備用。

2 鱸魚放入200℃玄米油鍋（油溫判斷P.21），轉小火炸至金黃撈起。

3 另一炒鍋倒入2大匙葡萄籽油（份量外），以小火加熱，放入蒜末、香菇絲、洋蔥絲炒香，再放入青椒絲、筍絲、紅蘿蔔絲，以小火炒軟，再加入調味料A。

4 轉中火煮滾，倒入太白粉水勾芡並煮滾，加入香油，淋在炸好的鱸魚。

台菜好味故事

以上五種不同蔬菜食材切成柳枝狀的刀工，搭配白醋的酸香味道，美味極了，此為命名由來。

▶ 用無調味的紅麴醬醃製，天然又濃郁。

▶ 海鰻魚肉刺多，必須小心處理，務必挑除乾淨後再烹調。

▶ 炸鰻魚時，油溫到達需要的溫度就必須關火，透過餘溫將鰻魚肉炸熟，才不會炸焦黑。

紅糟鰻魚

份量 3～4人份

● 材料
A　海鰻魚肉300g
B　青蔥30g、嫩薑30g、蒜仁30g、辣椒10g

【食材處理】
〜 青蔥、嫩薑、蒜仁切末。
〜 辣椒切圈。

● 鰻魚醃料
紅麴醬2大匙、米酒1大匙
白砂糖1大匙、地瓜粉2大匙

● 調味料
鮮味露1小匙

1 海鰻魚肉去刺後，依橫紋切條，加入鰻魚醃料，混合拌勻，靜置15分鐘待入味。

2 海鰻魚肉放入200℃玄米油鍋（更多且密集泡泡，油溫判斷P.21），炸至海鰻魚肉浮至油面，撈起後瀝油，盛盤。

3 鍋中倒入1大匙葡萄籽油（份量外），以小火加熱，放入材料B炒香，再鋪於海鰻魚肉上即可。

台菜好味故事

紅糟、紅麴醬是台灣特別的調味料並具特殊風味，適合用在海鮮、肉類及米飯的調味，運用範圍非常廣泛。

月桃午仔魚

份量 6人份

材料
午仔魚1尾（450g）、青蔥40g、荷葉（乾）1張

【食材處理】
- 午仔魚剖肚後去除內臟並洗淨。
- 青蔥切段。

調味料
鹽1小匙、米酒1大匙
白胡椒粉1/2小匙

1 午仔魚由魚肚剖開至背部，整個攤平，均勻撒上調味料，抹勻後醃製10分鐘備用。

2 鍋中加入4大匙葡萄籽油（份量外），以中火加熱，放入青蔥煎至金黃，撈起。利用餘油，將午仔魚放入鍋中，以中火煎至兩面金黃，取出。

龐師傅烹調 Point

▶ 乾荷葉可以月桃葉取代，味道更香。
▶ 午仔魚可以其他魚替換，例如：鱸魚、白鯧魚、虱目魚等。

接續下頁

3 荷葉洗淨後放入熱水,以中小火煮10分鐘殺菌,撈起後瀝乾,攤平,放上煎好的午仔魚、青蔥,包覆完整。

4 再放入蒸籠,以大火蒸20分鐘至熟,取出後用剪刀剪開荷葉即可食用。

 台菜好味故事

這道料理大部分以月桃葉包覆食材,因為它有特殊香氣,所以能增加食物的風味。

虎掌燴烏參

份量 6人份

🍲 **材料**

A 豬韌帶（虎掌）200g、海參
200g、蒜仁50g、青蔥40g、
嫩薑30g、青江菜400g、冷凍
紅蘿蔔球50g

B 青蔥20g、蒜仁30g

【**食材處理**】

🥢 海參切段。

🥢 材料A青蔥切段、嫩薑切片。

🥢 材料B青蔥切段、蒜仁切末。

🍲 **豬韌帶滷料**

醬油3大匙、米酒1大匙、冰糖1大
匙、八角3個、水500cc

🍲 **調味料**

A 蠔油60g、白砂糖1大匙、醬油1大
匙、米酒2大匙、水100cc

B 太白粉水2大匙（太白粉1大匙、
水3大匙拌勻）、香油1小匙

 台菜好味故事

這是一道海陸雙鮮的料理，其
香濃、美味可口，使用豬韌帶
（虎掌）與海參一起燒煮出膠
質，但必須有耐心以小火長時
間烹調，加上多重的烹飪方式
才能完成佳餚。

1 材料A蒜仁、青蔥、嫩薑放入
160℃玄米油鍋（密集小泡
泡，油溫判斷P.21），炸至金黃
色，撈起後瀝乾。

2 紅蘿蔔球、青江菜、海參分別
放入熱水，以大火汆燙10秒鐘
後撈起備用。

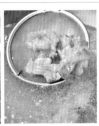

3 豬韌帶放入200℃（更多且密集泡泡），炸至金黃色，撈起後瀝油。材料B、豬韌帶滷料放入鍋中煮滾，以小火滷1小時入味，關火備用。

4 調味料A放入另一鍋，以小火炒香，再放入材料A蒜仁、青蔥、嫩薑炒香，接著加入海參、紅蘿蔔球、滷好的豬韌帶，燒煮入味。

龍師傅烹調 Point

▸ 豬韌帶需要先油炸，後續烹煮時才能入味。
▸ 蔥、薑、蒜炸過後再滷，香味更容易釋出。

5 再倒入拌勻的太白粉水並煮滾，加入香油後盛盤，用青江菜圍邊即可。

龍師傅烹調 Point

　五味醬的檸檬汁可
　以後加，醬汁才不
　會太稀。

▶九孔不宜加熱太
　久，需要用浸泡的
　方式，肉質才會柔
　軟彈牙。

五味九孔

份量 5人份

材料
活九孔10個（200g）、高麗菜150g
嫩薑20g、青蔥30g

【食材處理】
～ 高麗菜切絲。
～ 嫩薑切片。
～ 青蔥切段。

調味料
鹽1大匙、米酒3大匙、水1000cc

五味醬料
青蔥末30g、嫩薑末30g、蒜末30g、辣椒圈10g、番茄醬200g、白砂糖1大匙、白醋2大匙、新鮮檸檬汁3大匙

1 薑片、青蔥段放入鍋中，加入調味料，以大火煮滾後轉小火，放入九孔煮1分鐘，關火後浸泡10分鐘。

2 五味醬料放入食物調理機，攪打均勻。

3 高麗菜絲鋪入盤中，拉除九孔嘴巴，再放高麗菜絲上，淋上五味醬即可。

台菜好味故事

「五味」醬汁是台菜料理常用的醬汁，大部分用在海鮮類的沾醬，有的也會加入烏醋、醬油膏、香油等調味，是一種多層次的風味醬汁。

龍師傅烹調 Point

▶ 可以購買已經切絲狀的海蜇皮，減少前置處理程序。
▶ 高麗菜氽燙後，必須用冰塊水降溫，才能保持翠綠。

高麗海蜇捲

份量 6人份

材料

A 海蜇皮（泡發）300g、高麗菜（整片）200g

B 小黃瓜50g、紅蘿蔔絲50g、辣椒10g 蒜仁20g

【食材處理】

～ 小黃瓜、紅蘿蔔絲、辣椒切絲。

～ 蒜仁切末。

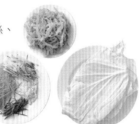

調味料

白醋2大匙、白砂糖2大匙
香油2大匙、鹽1/2小匙

1 海蜇皮泡水一晚，撈起後放入熱水，以大火煮15分鐘去除雜質與鹹度，撈起後待涼，剪小段。

2 高麗菜整片放入熱水，以大火煮軟，撈起後立刻放入冰塊水降溫。

3 海蜇皮和材料B、調味料，充分拌勻即為內餡。

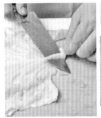

4 高麗菜撈起後拭乾水分，並切除硬梗。砧板下方鋪上一層保鮮膜，放上高麗菜葉，再鋪上內餡絲，捲起來，再切成約3cm段即可。

台菜好味故事

海蜇皮彈牙、高麗菜爽脆，兩者搭配一起，在口感及視覺上，都有非常多的特色。

119

花枝烏魚子捲

份量 8～10人份

● 材料
花枝漿300g、烏魚子80g、海苔1片（3g）

【食材處理】
海苔對折後切開成長方形。

1 剝除烏魚子外層薄膜，切半後用手搓成長條狀。

2 海苔表面沾點水，放上烏魚子，包捲完成備用。

3 鋁箔紙1張鋪於砧板上，將花枝漿鋪好且平整，海苔烏魚子放在花枝漿1/3處，將鋁箔紙連同花枝漿捲起來，兩旁轉緊。

接續下頁

4 再放入蒸籠，以中火蒸30分鐘至熟，取出後放涼，剝除鋁箔紙。

5 再放入160℃玄米油鍋（密集小泡泡，油溫判斷P.21），炸至金黃色，撈起後瀝乾，待涼後切片即可。

 台菜好味故事

烏魚子在盛產時，會用花枝漿包覆後捲起來，蒸熟後放涼，等待需要食用或宴客時，再炸成金黃色並切片。

 龍師傅烹調 **Point**

▶ 花枝漿不可抹油或水，以免黏不住烏魚子。

▶ 烏魚子搓長條狀時，力道不宜太大，以免斷裂。

● 材料
鮑魚10個（300g）、乾香菇（泡軟）50g、甜豆50g、魚板100g、花枝漿150g、雞蛋4個

【食材處理】
乾香菇、甜豆、魚板切絲。

● 調味料
A 雞骨高湯360cc（P.27）、鹽1小匙、鮮味露1/2小匙
B 鹽1小匙、米酒2大匙、香油1大匙、雞骨高湯300cc（P.27）
C 太白粉水2大匙（太白粉1大匙、水3大匙拌勻）、香油1大匙

1 雞蛋打散，加入調味料A拌勻，過濾成蛋汁，蛋汁再倒入深盤。

2 再放入蒸籠，以小火蒸15分鐘至熟為蒸蛋，取出備用。

台菜好味故事

傳統台菜使用鮑魚可以添加富貴感，因為取其形，成品類似鳳凰的眼睛，所以取名為鳳眼鮑魚。

3 花枝漿用手虎口擠出約30g大小，塑形成水滴狀，再鑲入鮑魚正中心，並用香菇絲圍在鮑魚周圍。

4 再放入蒸籠，以中火蒸15分鐘至熟，取出後放在蒸蛋上面。

5 調味料B倒入鍋中，以大火煮滾，再放入甜豆、魚板拌勻後，加入太白粉水勾芡並煮滾，倒入香油，淋在蒸好的鳳眼鮑魚即可。

龍師傅烹調 Point

▶ 可以選擇澳洲或日本的鮑魚罐頭，質地比較軟。

▶ 蒸蛋的水和比例需要注意，通常1個蛋加入90cc水（或高湯）。

125

▶ 炸蝦的火候必須維持大火，並在短間內一次炸熟。

▶ 大草蝦可以換成明蝦，需要浸泡在醃料中，才能更容易入味。

黃金酥炸大蝦

份量 6人份

● 材料

A 草蝦6隻（大隻，500g）、青蔥30g、蒜仁
30g、嫩薑10g、辣椒10g

B 老薑30g、青蔥20g

【食材處理】

～ 材料A青蔥、蒜仁、嫩薑切末。

～ 辣椒切圈。

～ 材料B老薑切片、青蔥切段。

● 蝦醃料
米酒2大匙、鹽1小匙
水800cc

● 調味料
地瓜粉3大匙、鹽1/2小匙
白胡椒粉1小匙

1 剪草蝦鬚和足部後，再將草蝦背部剖開並挑除腸泥，與蝦醃料、材料B拌勻，醃製5分鐘。

2 草蝦瀝乾後表面水分擦乾，沾裹一層地瓜粉，再放入200℃玄米油鍋（更多且密集泡泡，油溫判斷P.21），炸至金黃色後撈起，盛盤。

3 另一鍋倒入1大匙葡萄籽油（份量外），以小火加熱，放入材料A青蔥、蒜末、嫩薑、辣椒，加入鹽、白胡椒粉炒勻，再鋪於草蝦上即可。

台菜好味故事

在辦桌和宴席中常見蝦類料理，為了保持原味與香氣，通常以椒鹽或鹽酥的方式呈現。

▸ 扇貝必須用泡熟法，才能入味。

▸ 蒜頭酥起鍋前加入，並且不需要炒太久，以免焦黑。

避風塘扇貝

份量 6人份

● 材料

A 扇貝12個（冷凍，500g）、青蔥30g、嫩薑
20g、辣椒15g、四季豆100g、蒜頭酥30g

B 老薑30g、青蔥20g

【食材處理】

〜 材料A青蔥、嫩薑切末。

〜 辣椒切圈。

〜 四季豆摘除頭尾。

〜 材料B老薑切片、青蔥切段。

● 汆燙料

米酒2大匙

鹽1大匙

水800cc

● 調味料

鹽1小匙

白胡椒粉1小匙

鮮味露1小匙

1 汆燙料、材料B倒入鍋中，以
大火煮滾後關火，將扇貝放入
鍋中，浸泡15分鐘，待入味後撈起
備用。

2 四季豆放入200℃玄米油鍋
（更多且密集泡泡，油溫判斷
P.21），放入油鍋，炸酥後撈起，
將扇貝放入油鍋，炸至金黃色後撈
起備用。

3 另一鍋倒入1大匙葡萄籽油（份量外），以小火
加熱，放入材料A青蔥、嫩薑、辣椒炒香，加入
扇貝、調味料、蒜頭酥炒勻，最後放入四季豆快速
炒勻即可。

台菜好味故事

避風塘的蒜頭酥是以新
鮮蒜頭切碎後由小火慢
慢炒，待冷卻後使其酥
脆，在台菜中大部分與
海鮮料理烹調，又稱為
漁夫料理。

瑤柱扣白玉

 8～10人份

台菜好味故事

這是經典宴客台菜，也是深受大家喜愛的海味佳餚。瑤柱營養價值高，味道可口；白蘿蔔又稱白玉，其晶瑩透白的顏色並搭配海鮮，讓味道擁有更多層次與美味。

◎ 材料

A 乾干貝12個（80g）、髮菜20g、海參100g、透抽100g、蝦仁100g、豬肉片150g、白蘿蔔200g

B 青蔥20g、蒜仁50、蒜頭酥1大匙

【食材處理】

- 白蘿蔔切小塊。
- 青蔥切段。
- 海參切小塊。
- 透抽切格紋片（P.18）。
- 蝦仁挑除腸泥。

◎ 豬肉醃料

醬油2大匙、米酒1大匙、白胡椒粉1/2小匙、地瓜粉2大匙

◎ 調味料

A 香油1大匙、雞骨高湯300cc（P27）、鹽1小匙、米酒2大匙

B 太白粉水2大匙（太白粉1大匙、水3大匙拌勻）、香油1大匙

1 乾干貝泡入水後放入蒸籠，以大火蒸20分鐘至熟；髮菜泡水待軟，備用。

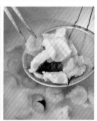

2 白蘿蔔放入熱水，以大火煮10分鐘至軟，撈起後瀝乾；海參、透抽、蝦仁放入熱水，以大火汆燙1分鐘，撈起後瀝乾，備用。

3 豬肉片放入大碗，加入豬肉醃料，充分拌勻後醃製3分鐘。

龍師傅烹調 Point

▶ 選擇肉質肥厚的白蘿蔔並且形狀完整，則味道比較甘甜

▶ 干貝又稱瑤柱，挑選日本干貝並且整顆完整，則香氣較佳。

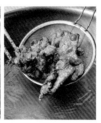

4 準備一鍋玄米油，以大火加熱至160℃（密集小泡泡，油溫判斷
P.21），青蔥、蒜仁放入油鍋，炸至金黃色，撈起後瀝油；將豬肉
片放入油鍋，炸熟後撈起，備用。

5 白蘿蔔、炸好的蔥蒜放入調理
盆，加入蒜頭酥、香油，充分
拌勻。

6 準備一個扣碗，鋪上一層耐高溫保鮮膜，底部先放入干貝，髮菜
圍邊，再依序鋪上炸好的豬肉片、白蘿蔔，保鮮膜蓋好後放入蒸
籠，以大火蒸30分鐘，取出後倒扣於盤中。

7 雞骨高湯、鹽、米酒倒入湯
鍋，以大火煮滾，加入海參、
透抽、蝦仁，轉小火煮1分鐘，
再倒入拌勻的太白粉水勾芡並煮
滾，淋於做法6盤中即可。

紅蟳米糕

份量 8～10人份

◎ 材料
紅蟳1隻（450g）、長糯米100g、豬五花肉100g
乾香菇（泡軟）50g、紅蔥頭15g、香菜5g、蝦米20g

【食材處理】
- 豬五花肉切條。
- 乾香菇切絲。
- 紅蔥頭切片。
- 香菜取葉。

◎ 調味料
醬油3大匙
醬油膏1大匙
米酒1大匙
白砂糖1大匙
白胡椒粉1/2小匙
水150cc

1 長糯米泡水一晚，再放入蒸籠，以大火蒸15分鐘至熟。

2 殺紅蟳步驟，壓住紅蟳腹部，用1支筷子從紅蟳嘴巴用力戳到底，確定不再掙扎，再鬆開繩子，接著掀開蟳殼，並剪除口鼻及消化器官。

3 再掀除蟳肚的臍蓋，剪除腳尾端，剪大蟳鉗，身體切小塊即完成。

接續下頁

4 鍋中倒入2大匙黑麻油（份量外），以中火加熱，放入豬肉、香菇、蝦米、紅蔥頭炒香，再加入調味料煮滾，轉小火燜煮5分鐘，關火。

龍師傅烹調 Point

▶ 需要選購活的紅蟳，才保有新鮮度。

▶ 長糯米需要先泡水一晚，用乾蒸法烹調，口感才會彈牙。

▶ 醬汁拌入糯米飯時，邊拌邊加入醬汁，更能拌得均勻且入味。

5 蒸好的米和做法4材料充分拌勻，將切好的紅蟳鋪在米糕上面，再放入蒸籠，以大火蒸15分鐘後取出，撒上香菜葉即可。

台菜好味故事

台灣是一個美好的土地，在喜宴中常會出現紅蟳米糕，紅色的紅蟳代表喜氣洋洋，米糕則代表步步高升。

蝦米花蒸米糕

份量 8～10人份

🌀 **材料**

長糯米300g、豬五花肉100g
紅蘿蔔50g、櫻花蝦30g
蝦米20g、乾香菇（泡軟）100g
紅蔥頭20g、香菜10g

🌀 **調味料**

醬油4大匙、米酒2大匙
白砂糖2大匙、白胡椒粉1大匙
水300cc

【食材處理】

➴ 豬五花肉切條。
➴ 紅蘿蔔切小丁。
➴ 乾香菇切絲。
➴ 紅蔥頭切片。
➴ 香菜取葉。

1 長糯米泡水一晚，再放入蒸
籠，以大火蒸15分鐘至熟。

2 鍋中加入1大匙葡萄籽油（份
量外），以小火加熱，放入櫻
花蝦，炒香後盛起。

龍師傳烹調 Point

▶ 長糯米要先泡水一晚，米心才容易軟，並用乾蒸法，才會有彈牙口感。
▶ 櫻花蝦需要用小火慢慢炒，才會有香氣，而且同時加入櫻花蝦、蝦米，
能讓香氣有層次感。

3 再放入豬肉、紅蘿蔔、香菇、蝦米、紅蔥頭,以中火炒香,接著加入調味料煮滾,轉小火燜煮5分鐘,關火。

4 蒸好的米和做法3材料充分拌勻,再放入蒸籠,以大火蒸5分鐘取出,撒上櫻花蝦即可。

 台菜好味故事

南部米糕大部分會拌入櫻花蝦,能增加更多香氣,櫻花蝦是東港的特產,這道米糕深受南部人喜愛。

麒麟魚

份量 6人份

 台菜好味故事

辦桌菜非常多元，但都有共同特色澎湃、名字華麗、製作過程比較費時費工，而麒麟魚就是一道富有技巧性的傳統台菜，以刀功取其形，並以蔬菜層層交疊成為麒麟狀，去魚骨後方便食用，非常適合宴客。

材料

A 鱸魚1尾（800g）、沙拉筍100g、紅蘿蔔
100g、乾香菇（泡軟）60g

B 老薑50g、青蔥40g

【食材處理】

～ 鱸魚剖肚後去除內臟並洗淨。

～ 沙拉筍、紅蘿蔔切水花片（P.19）。

～ 乾香菇切片。

～ 老薑切片、青蔥切段。

鱸魚醃料

鹽1小匙、米酒2大匙、水200cc

調味料

A 雞骨高湯300cc（P.27）、鹽
小匙、米酒1大匙

B 太白粉水2大匙（太白粉1大
匙、水3大匙拌勻）、香油1
大匙

1 鱸魚頭尾切掉，從魚肚剖開後，刀背平貼魚骨
取魚菲力，尾端肉片切開不斷，去骨。

龐師傅烹調 **Point**

▶ 魚肉切斜片，蒸製時比較容易熟。

▶ 蔬菜盡量切薄片狀，並尺寸接近，在交疊時才不會太厚而影響口感。

2 醃料、材料B拌勻,放入所有
魚肉,浸泡15分鐘入味,取出
後切斜片。

3 沙拉筍片、紅蘿蔔片放入熱
水,以大火汆燙30秒鐘,撈起
後瀝乾。

4 依續在大盤放上魚肉片、紅蘿蔔片、筍片、香菇
片,以此步驟重覆排列後完成麒麟狀,並排上魚
頭及魚尾,再放入蒸籠,以大火蒸12分鐘至熟,取
出備用。

5 調味料A以大火煮滾,再倒入
拌勻的太白粉水勾芡並煮滾,
加入香油,淋於蒸好的魚肉。

羅漢素齋

份量 6人份

● 材料

A 生香菇40g、乾香菇（泡軟）70g
　　秀珍菇50g、紅蘿蔔50g、辣椒10g

B 沙拉筍50g、白果30g、青江菜300g

【食材處理】

～ 生香菇、乾香菇切半。

～ 秀珍菇切段。

～ 辣椒切絲。

～ 紅蘿蔔、沙拉筍切同尺寸片狀。

● 調味料

蔬菜高湯800cc（P.29）、鹽1小匙、
太白粉水2大匙（太白粉1大匙、水3大
匙拌勻）、香油1大匙

龍師傅烹調 Point

▶ 青江菜汆燙後泡入冷水降溫，能保持翠綠。

1 沙拉筍、白果、青江菜分別放入熱水，以大火汆
燙至熟，撈起後青江菜泡入冷水備用。

2 材料A、蔬菜高湯放入鍋中，以大火煮滾，加入鹽調味，倒入太白
粉水勾芡並煮滾，撈起鍋中材料，再倒入香油拌勻為芡汁。

3 將所有材料排盤呈扇形，淋上
芡汁即可。

　　　　台菜好味故事

羅漢素齋又稱為「十八羅
漢齋」或「全家福」，是
以蔬果根莖類烹調，擺成
扇形，可以用漸層方式呈
現比較美觀。

145

豬肚四寶湯

份量 8～10人份

龍師傅烹調 Point

▶ 白蘿蔔煮好後，必須迅速用冷水洗淨並降溫。

▶ 煮豬肚的時候，可以用長筷子測試，如果能輕鬆穿過去表示可以了。

◉ 材料

A 白蘿蔔200g、金針菇60g、紅蘿
　蔔60g、乾香菇（泡軟）20g、
　魚板60g、肉羹100g、豬肚1個
　（1100g）

B 老薑100g、青蔥40g

◉ 洗豬肚料

中筋麵粉100g

◉ 汆燙豬肚料

米酒80cc、白醋80cc、水800cc

◉ 調味料

米酒30cc、鹽1小匙、豬骨高湯800cc（P.28）

【食材處理】

〜 白蘿蔔切6cm條狀。
〜 金針菇切除根部。
〜 紅蘿蔔切6cm長片。
〜 魚板、老薑切片。
〜 青蔥切段。

台菜好味故事

這是壽宴時深受喜愛的一道
湯品，以豐富的食材和食材
的原味，讓湯頭鮮甜美味。

1 豬肚用中筋麵粉塗抹均勻去除黏液並洗淨，放入熱水中，加入材料
　B、汆燙豬肚料，以中火煮10分鐘後取出，將豬肚內面翻出來，用
剪刀去除內面白色油脂，翻回來後放入湯鍋，以小火煮40分鐘，撈起
後放涼，切片。

2 白蘿蔔放入熱水，大火煮10分
　鐘，撈起；紅蘿蔔放入熱水，
大火汆燙1分鐘，撈起；金針菇
放入熱水，大火汆燙10秒鐘，撈
起，備用。

3 準備一個耐蒸砂鍋，排入材料
　A，加入調味料，放入蒸籠，
以大火蒸1.5小時至熟。

147

枸杞九孔盅

份量 6人份

材料

A 九孔10個（200g）、豬小排骨200g、雞翅200g

B 枸杞1大匙、黑棗20g、人參鬚5g

調味料

鹽1小匙、米酒2大匙

水800cc

【食材處理】

豬小排骨、雞翅切塊。

台菜好味故事

以中藥材和海鮮入菜在台菜中少見，一般都是婚宴中比較能品嘗到。

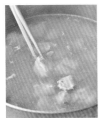 

1 豬小排骨、雞翅分別放入熱水，以大火汆燙至肉變白，撈起後洗淨；九孔放入熱水，以大火煮3分鐘後關火，浸泡5分鐘撈起。

2 準備一個耐蒸砂鍋，放入豬小排骨、雞翅、材料B，並加入調味料，放入蒸籠，以大火蒸1小時至熟，將燙好的九孔放入鍋中，再蒸1分鐘即可。

龍師傅烹調 Point

▶ 中藥材可以先用米酒泡開，再連米酒一起倒入湯中蒸。

▶ 九孔不能直接放入湯中與豬小排骨、雞翅一起蒸，否則會造成肉質老化。

佛跳牆

份量 8～10人份

台菜好味故事

「佛跳牆」是福州名菜，傳統是以高檔的鮑、
參、肚、翅及上湯煨燉而成。在台灣，則大部分
以多樣根莖蔬菜食材為主，並以簡單的湯頭調
製，通常在喜宴及流水席都可以品嘗到，這道料
理是台灣最經典又美味的佳餚。

材料

A 豬蹄筋（泡發）100g、魚皮（泡發）100g、鮑魚12個（60g）、海參150g

B 桂竹筍200g、芋頭200g、豬小排骨150g、栗子（新鮮）130g、草菇60g

C 乾香菇（泡軟）50g、蒜仁50g、青蔥50g

【食材處理】

～ 豬蹄筋、魚皮、桂竹筍、青蔥切段。

～ 芋頭、豬小排骨、海參切塊。

～ 乾香菇切絲。

排骨醃料

醬油3大匙、白胡椒粉1小匙、香蒜粉1大匙、米酒4大匙、地瓜粉3大匙

湯頭材料

水1200cc、醬油1大匙、烏醋2大匙、白砂糖1大匙、白胡椒粉1大匙

桂竹筍滷料

醬油5大匙、蒜末50g、白砂糖1大匙、白胡椒粉1/2小匙、香油2大匙、烏醋2大匙、水200cc

1 豬小排骨和排骨醃料拌勻，醃製30分鐘入味備用。

2 準備一鍋玄米油，以中火加熱至160℃（密集小泡泡，油溫判斷P.21），先放入栗子，炸至外表上色後撈起，接著放入芋頭，炸至上色後撈起，最後放入材料C，炸至金黃色後撈起成為湯頭料。

3 此油鍋以中火加熱至180℃（更多泡泡），豬小排骨放入油鍋，炸至金黃色後撈起。

4 製作湯頭，水煮滾，加入其他湯頭材料拌勻，放入炸好材料C，以中火煮滾後關火。

5 桂竹筍滷製，桂竹筍絲放入熱水，以大火煮5分鐘，取出後瀝乾。將滷料放入另一個湯鍋煮滾，加入桂竹筍，轉小火滷30分鐘，待水分略乾且入味上色即可。

6 取一個有蓋的耐蒸砂鍋，依序從底層向上鋪桂竹筍絲、排骨酥、炸芋頭、炸栗子、草菇、豬腳筋、魚皮、鮑魚。

7 將煮好的湯頭倒入至蓋過所有食材，蓋上鍋蓋，再放入蒸籠，以大火蒸1小時至熟即可。

龍師傳烹調 Point

▶ 桂竹筍需要先滷製，才容易入味。

▶ 湯頭皆需要蒜、青蔥、香菇炸過的香氣，以增加香味。

▶ 傳統佛跳牆會加豬腳增加膠質，但因為健康意識抬頭，所以豬腳換成蹄筋及海參。

人參黑棗雞

份量 8～10人份

🥣 **材料**
雞1隻（1500g）、黑棗40g、枸杞15g
當歸片10g、人參鬚10g

🥣 **調味料**
米酒100cc、鹽1小匙、水1200cc

【食材處理】

🥢 雞洗淨後拔除雜毛。

台菜好味故事

傳統台菜式婚宴，在接近尾聲時，會準備一道雞湯祝福賓客，有「起家」（台語）之意。

1 整隻雞放入熱水，以小火汆燙1分鐘，撈起後用冷水沖涼，並洗淨附著在皮表面的雜質。

2 黑棗、枸杞、當歸片、人參鬚和米酒一起浸泡，待略軟化備用。

龍師傳烹調 **Point**

▶ 中藥材不需要清洗，用米酒浸泡，味道才會出來。

▶ 挑選全雞時以母雞為佳，腹內油脂也必須清除乾淨。

▶ 汆燙雞肉時，整隻雞必須泡入熱水，並且轉小火加熱，才不會把雞皮弄破。

3 準備一個耐蒸鍋子，放入雞、水、中藥材連同米酒，並加入鹽，放入蒸籠，以大火蒸1.5小時至熟即可。

155

香芋排骨鍋

份量 6人份

● 材料
豬小排骨300g、乾香菇（泡軟）60g
美白菇50g、青蔥20g、芋頭（炸好）100g

● 調味料
鹽1小匙、米酒2大匙
雞骨高湯1000cc（P.27）

【食材處理】
～ 豬小排骨、乾香菇切塊。
～ 美白菇切除根部。
～ 青蔥切段。

 台菜好味故事

芋頭在台菜也是常用的食材之一，搭上豬小排骨與菇類，能讓湯頭更鮮美。

1 豬小排骨放入熱水，以大火汆燙至變白，撈起後洗淨。

龍師傅烹調 Point

▶ 使用炸過的芋頭，湯的香氣才會出來。
▶ 可以放兩種不同的菇，能增加湯頭的甜度。
▶ 若要自炸芋頭，則生芋頭切塊後放入160℃油鍋，炸至外表酥脆即可。

2 準備一個耐蒸砂鍋，放入所有材料，並加入所有調味料。

3 放入蒸籠，以大火蒸1小時至熟即可。

蛋酥西滷羹

份量 8～10人份

材料

A 大白菜800g、脆筍20g、炸豆包2片（80g）
乾香菇60g（泡軟）、魚板80g

B 海參150g、草蝦仁150g、雞蛋2個、香菜10g

【食材處理】

~~ 脆筍切片。

~~ 炸豆包切小塊。

~~ 乾香菇切絲。

~~ 魚板切條。

~~ 海參切小段。

~~ 草蝦仁挑除腸泥。

~~ 香菜取葉。

調味料

A 香油1小匙、鹽1/2小匙、
白胡椒粉1/2小匙、蒜頭酥
1大匙

B 雞骨高湯300cc（P.27）、
醬油2大匙、烏醋2大匙、
白砂糖1大匙、白胡椒粉
1/4小匙、蒜頭酥2大匙

C 太白粉水2大匙（太白粉1
大匙、水3大匙拌勻）、香
油1大匙

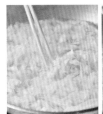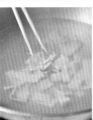

1 大白菜切絲，放入熱水，以大火汆燙至軟後撈起；脆筍片放入熱
水，大火汆燙10秒鐘後撈起；海參、草蝦仁放入熱水，大火汆燙
10秒鐘後撈起，備用。

龍師傅烹調 Point

▸ 將所有食材填入扣碗，用蒸籠蒸熟的時間比較短。

▸ 傳統蛋酥用油炸方式完成，這裡改成小火慢慢炒至金黃色，
可以減少油量。

接續下頁

2 兩個雞蛋分別打散,鍋中倒入1大匙葡萄籽油(份量外),以中火加熱,倒入1份蛋液,煎成金黃蛋皮,取出後捲起來再切絲。

3 鍋中倒入1大匙葡萄籽油(份量外),以小火加熱,放入另一份蛋液,慢慢炒成蛋酥,取出。

4 取一個扣碗,在底部先放入香菇、魚板、蛋皮絲備用。大白菜、脆筍片、炸豆包拌勻,加入調味料A拌勻,再鋪入扣碗,放入蒸籠,以大火蒸20分鐘至熟,取出後倒扣盤中備用。

5 調味料B以大火煮滾,放入海參、草蝦仁煮10秒鐘入味,再倒入太白粉勾芡並煮滾,加入香油,再淋於做法4盤中,撒上蛋酥、香菜葉即可。

台菜好味故事

以西滷為名的料理,大部分都需要勾芡完成,但調味和食材會因不同地方的需求,而有些許差異。

花好月圓

份量 8～10人份

材料

A 糯米粉125g、水50cc、黃地瓜125g
B 糯米粉125g、水50cc、紫地瓜125g
C 花生粉50g、白砂糖30g

【食材處理】
黃地瓜、紫地瓜切小塊。

1 黃地瓜、紫地瓜分別裝盤,再放入蒸籠,以中火蒸10分鐘至熟,取出。

台菜好味故事

這道點心通常在喜宴的第二、三道出場,意謂「甜蜜團圓」,用來祝福結婚新人。北部多為炸的方式、南部則以甜湯呈現居多。現代人講求健康,會用根莖類食材製作,例如:地瓜泥、芋頭泥、南瓜泥取代傳統色素,更顯天然且健康。

2 材料A放入調理盆,拌勻成團後搓長條,分成每個10g,並搓成圓球即為黃色地瓜圓。

3 材料B放入調理盆，拌勻成團後搓長條，分成每個10g，並搓成圓球即為紫色地瓜圓。

4 雙色湯圓放入180℃玄米油鍋（更多泡泡，油溫判斷P.21），炸至金黃色，撈起後瀝油，盛盤。

5 花生粉、白砂糖混合拌勻，倒入雙色地瓜圓盤中即可。

龍師傅烹調 **Point**

▶ 蒸好的黃色地瓜、紫色地瓜，可以透過篩網篩除纖維雜質，則口感更好。

鮮奶炸吐司

份量 6～8人份

🍚 材料

A　整條吐司（不切片）200g、奶水200cc
　　玉米粉4大匙、香菜10g

B　花生粉5大匙、白砂糖2大匙

【食材處理】

➴ 香菜取葉。

龍 師 傅 烹 調　Point

▶ 吐司可以先冷凍再切塊，
　會比較好切。

1 整條吐司去邊，再切成3cm小方塊，泡入奶水後立即拿起來，並沾裹一層玉米粉，靜置2～3分鐘待返潮。

2 吐司放入180℃玄米油鍋（更多泡泡，油溫判斷P.21），炸至金黃色後撈起。

3 趁熱沾裹拌勻的花生糖粉，再搭配香菜葉一起食用即可。

台菜好味故事

這道點心口感是外熱內冷，因為吐司吸奶水後經過油炸，會產生像麻糬般的口感。

Part

3

找回念念不忘古早味

幾年前台灣有一部電影《總舖師》，電影中有許多以前只聽過而沒看過，或是曾吃過卻不知道名字的古早味料理，其做法繁複、食材多元、調味多層次。這個單元許多料理都快失傳了，對自己而言是非常大的挑戰，只能從家父及老一輩師傅的口中，或是搜尋許多相關資料，得知這些菜色的外形、刀工、食材、調味及典故，花了許久時間反覆操作並試味道，將傳統味道保留下來，並給予現代的外形擺設，希望可以讓這些古早味重新得到生命與傳承。

炸肝花

份量 6人份

● 材料
豬絞肉600g、魚漿300g、洋蔥150g
青蔥50g、豬網油1張（80g）

● 調味料
鹽1大匙、白砂糖1大匙
五香粉1小匙、白胡椒粉1大匙

【食材處理】

～ 洋蔥、青蔥切末。

1 豬絞肉、魚漿、洋蔥末、青蔥末放入大碗，混合拌勻，摔打數下讓肉質富彈性，加入調味料拌勻即為內餡。

2 豬網油鋪平，取100g內餡整成橢圓形，放在網油上。

台菜好味故事

炸肝花是宜蘭的傳統料理，裡面是放攪碎的豬肝和肉而做成，但現在追求健康飲食觀念盛起，所以不放豬肝，改成全部用豬絞肉更好。

接續下頁

3 用網油包覆內餡，包覆完成後用剪刀剪斷網油，再依序完成其他5捲。

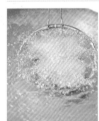

4 準備一鍋玄米油，以中火加熱至160℃（密集小泡泡，油溫判斷P.21），肉捲放入油鍋，炸至金黃色，撈起後瀝乾即可。

龍師傅烹調 **Point**

▸ 網油可以包覆兩層，油炸時肉捲比較不會破。

▸ 包好的肉捲可以放入冰箱冷凍30分鐘定形，放入油鍋會比較好炸。

▸ 內餡必須秤重，每個約100g，包裹後大小才會一致，油炸時間也能控制好。

龍鳳腿

● 材料

A 豬絞肉300g、魚漿600g
　豆腐皮2張（20g）

B 高麗菜200g、洋蔥100g
　紅蘿蔔80g

【食材處理】

→ 高麗菜、洋蔥、紅蘿蔔切末。

● 調味料

鹽1小匙、白砂糖1大匙
白胡椒粉1小匙、米酒1大匙
香油2大匙

● 麵糊

中筋麵粉5大匙
水2大匙

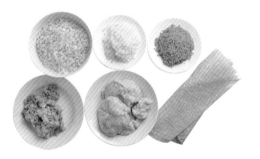

台菜好味故事

這是基隆瑞芳一道傳統菜
餚，魚漿的比例需要比豬
絞肉多一倍，不是以豬網油
包裹，而是直接用豆腐皮包
覆，因為外形相似腿部，所
以俗稱龍鳳腿。

1 豬絞肉、魚漿、材料B放入大碗，混合拌勻，摔
打數下讓肉質富彈性，加入調味料拌勻即為內
餡；麵糊材料拌勻即為麵糊，備用。

2 豆腐皮鋪平於砧板，對折後先
用刀子割開，每片再對折後割
開成為4片三角形。

3 取內餡約150g，並整成橢圓形，放在1片豆腐皮上，捲起來至2/3處，一端向內折，尾端用麵糊黏住。

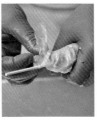　

4 再用竹籤插入內餡成棒狀，收口轉緊後黏合，依序完成其他7支龍鳳腿。

5 準備一鍋玄米油，以中火加熱至140℃（微冒小泡泡，油溫判斷P.21），豆皮肉捲放入油鍋，炸至金黃色，撈起後瀝乾即可。

龍師傅烹調 Point

▶ 豆腐皮不可以沾水，否則捲起來會破掉。
▶ 豬絞肉的比例為肥5：瘦4，這樣才保有肉汁且肉質不會太乾澀。

通心鰻

份量 8人份

⊙ 材料

A　白鰻1尾（約750g）、乾香菇（泡軟）50g
　　青江菜200g、白果20g

B　洋火腿50g、沙拉筍50g、紅蘿蔔30g

【食材處理】

✎ 洋火腿、沙拉筍、紅蘿蔔切長6cm條狀。

⊙ 調味料

A　豬骨高湯300cc（P.28）、
　　醬油1大匙、烏醋1大匙、
　　蠔油3大匙、米酒1大匙、
　　白砂糖1小匙

B　太白粉水2大匙（太白粉1
　　大匙、水3大匙拌勻）、香
　　油1大匙

1 白鰻切5cm段，用筷子將鰻魚內臟取出來。

2 準備一鍋玄米油，以中火加熱至180℃（更多泡泡，油溫判斷P.21），鰻魚放入油鍋，炸至金黃色，撈起後瀝乾，再放入蒸籠，以大火蒸10分鐘，取出後仔細取出鰻魚骨。

台菜好味故事

由於鰻魚肉質鮮美，傳統烹調方式大部分拿來燉湯，但加入食蔬製作成通心鰻的製作過程繁複，所以逐漸失傳，希望透過這本書，能帶給大家一些美味的回憶。

接續下頁

3 材料B放入熱水，以大火汆燙30秒鐘，撈起後瀝乾，再將青江菜放入熱水，以大火汆燙至熟，撈起後瀝乾，盛盤圍邊備用。各取1條洋火腿、沙拉筍、紅蘿蔔塞回每個鰻魚肉備用。

4 鍋中倒入調味料A、生香菇，以大火煮滾，再放入通心鰻燒煮入味，取出鰻魚盛入做法3盤中。

5 做法4調味醬汁用大火煮滾，倒入太白粉水勾芡並煮滾，加入香油，再淋於通心鰻即可。

龍師傅烹調 Point

▸ 鰻魚炸過定形再蒸熟，骨頭才容易取出。
▸ 塞入鰻魚的食材，盡量以根莖類為佳。

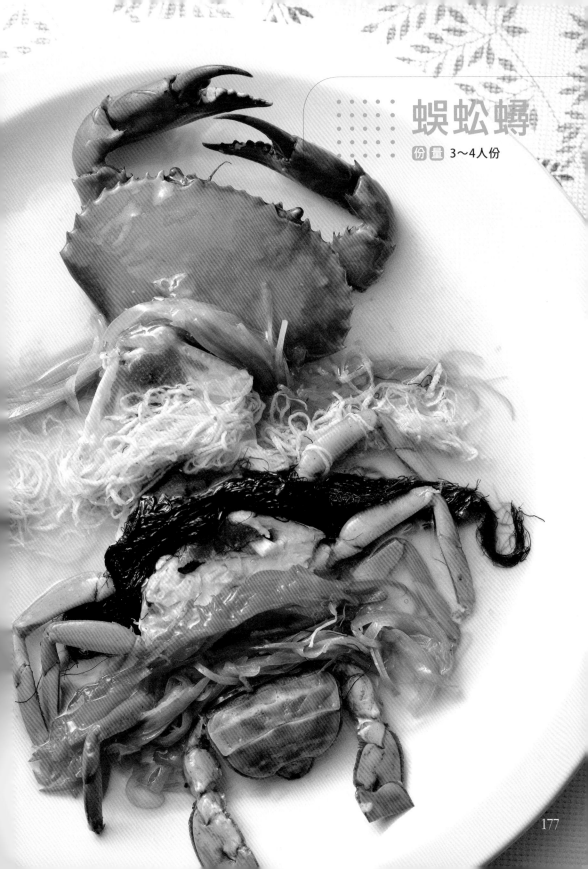

蜈蚣蠔

份量 3～4人份

● 材料

紅蟳1隻（450g）、髮菜20g
全蛋皮1張（雞蛋4個，煎成100g）
青椒100g、紅甜椒40g、嫩薑10g

【食材處理】

〰 全蛋皮、青椒、紅甜椒切絲。
〰 嫩薑切片。

台菜好味故事

這是一道失傳很久的經典台菜，必須將紅蟳與所有食材做完美結合，可以發揮個人美術天分，雖然費時又耗工，但卻值得懷念與品嘗。

● 調味料

A 米酒1大匙
B 蔬菜高湯200cc（P.29）
  大白粉水2大匙（太白粉1大匙、水3大匙拌勻）
  香油1大匙

1 髮菜泡水至軟，瀝乾後放入熱水，以中火汆燙1分鐘，撈起備用。

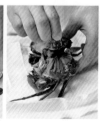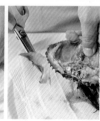

2 殺紅蟳步驟，壓住紅蟳腹部，用1支筷子從紅蟳嘴巴用力戳到底，確定不再掙扎，再鬆開繩子，接著掀開蟳殼，並剪除口鼻及消化器官，再掀除蟳肚的臍蓋即完成。

3 將紅蟳、蟳殼放入大碗，鋪上薑片和米酒，再放入蒸籠，以大火蒸15分鐘至熟，取
出後放涼，剪大蟳鉗，身體切塊，排入大盤備用。

4 鍋中倒入1大匙葡萄籽油（份量外），以大火加熱，分別放入青
椒、紅甜椒，並加入1/4小匙鹽（份量外）炒軟，依序排入紅蟳上
下，並鋪上全蛋皮絲、煮熟的髮菜。

5 蔬菜高湯以大火加熱至滾，再加入太白粉水勾芡
並煮滾，倒入香油，再淋於紅蟳即可。

龍師傅烹調 Point

▸ 選擇紅蟳比較重且大隻，
肉質才會肥美。
▸ 紅蟳必須用大火蒸，才能
將鮮味保留住。
▸ 全蛋皮100g可以用2個雞
蛋打散後，以小火煎至金
黃色。

▶ 餡料的所有食材盡量切
  細,做好的肉球才不會
  散掉。

▶ 製作肉球時,每個重量
  大約秤30～40g就好,
  太重則不容易炸熟。

八寶丸

份量 5人份

● 材料

豬絞肉200g、蝦仁100g、雞胸肉100g
沙拉筍40g、乾香菇（泡軟）30g
洋火腿20g、青蔥20g、蛋白1個

【食材處理】

～ 蝦仁挑除腸泥後切碎。

～ 雞胸肉切碎。

～ 沙拉筍、乾香菇、青蔥、洋火腿切末。

● 調味料

鹽1小匙、米酒1大匙、玉米粉1大匙
香油1大匙、水50cc

1 所有材料放入食物調理機，加入調味料，攪打均勻成泥。

台菜好味故事

八寶丸又稱古早肉丸，在南部台式傳統宴會中常見，將肉餡攪碎或剁成泥後做成肉球狀，炸過後熱吃、冷吃皆美味，非常值得品嘗。

2 雙手抹少許香油，取約乒乓球大小的肉丸（每個約30g，共15個）備用。

3 準備一鍋玄米油，以中火加熱至160℃（密集小泡泡，油溫判斷P.21），肉球放入油鍋，炸至金黃色，撈起後瀝乾即可。

龐師傅烹調 **Point**

▶ 使用豬網油比較容易炸黑，所以改成豬背油。
▶ 雙手可以抹少許香油，再抓取餡料，比較不會沾黏。
▶ 油炸時必須使用乾淨的油，炸物顏色才會金黃酥脆。

金錢蝦餅

份量 6人份

材料

蝦仁300g、荸薺50g、芹菜40g、豬背油70g

【食材處理】

～ 蝦仁挑除腸泥後切碎。
～ 荸薺、芹菜切末。
～ 豬背油切小丁。

調味料

A 鹽1/2小匙、白胡椒粉1/4小匙
B 太白粉2大匙、雞蛋（打散）2個
　麵包粉5大匙

台菜好味故事

蝦仁鮮美甘甜，油炸後外酥
內嫩。純手工製作的炸物，
也是一道台式辦桌佳餚。

1 所有材料放入食物調理機，加入調味料A，攪打均勻成泥。

2 雙手抹少許香油，取約乒乓球大小的肉丸（每個約30g，共12個），整成圓餅狀。

3 每個蝦仁肉餅依序沾裹一層太白粉、蛋液、麵包粉，肉餅放入140℃玄米油鍋（微冒小泡泡，油溫判斷P.21），炸至金黃色後撈起即可。

鳳尾蝦

份量 8人份

● 材料
草蝦8隻（大隻，600g）、海苔2片（5g）
鹹蛋黃8個（135g）

【食材處理】
草蝦洗淨。

● 調味料
鹽1/2小匙、米酒1大匙

● 麵糊
A 中筋麵粉100g、太白粉
30g、雞蛋1個、水80cc
B 玄米油4大匙

1 剪草蝦鬚和足部後，去頭及殼（保留蝦尾不去殼），再將草蝦腹部
剖開並攤平，用刀斷筋，與調味料拌勻，醃製3分鐘備用。

 台菜好味故事

製作這道料理時，草蝦的尾
巴必須留著並且翻開攤平，
油炸的時候就會像鳳凰的尾
巴一樣展開。

2 每片海苔切成2份長方形，每份長方形對折後切
成正方形，共8份；鹹蛋黃放入以200℃預熱好的
烤箱，烤約20分鐘至油脂釋放出來，取出後放涼，
備用。

接 續 下 頁

185

3 用保鮮膜蓋上1個鹹蛋黃，塑形成長度5cm條狀，再放於1片海苔片，捲起來後兩端按壓密合，其他7份依序完成。

4 將海苔鹹蛋黃捲鋪於草蝦肉，捲起來至尾端，用牙籤固定頭尾，依序完成所有包捲動作。

龍師傅烹調 Point

▶ 炸蝦子的時間不可太久，以免肉質變老。
▶ 鹹蛋黃必須先烤熟或蒸熟（以大火蒸20分鐘），不可以直接捲入海苔入油鍋直接炸。

5 麵糊材料A倒入調理盆，混合拌勻，再倒入玄米油攪拌均勻備用。

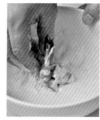

6 草蝦沾裹一層麵糊，再放入160℃玄米油（密集小泡泡，油溫判斷P.21），炸至金黃色，撈起後瀝油。

柴把烏參

份量 6人份

● 材料

A 烏參350g、青蔥20g、嫩薑10g
青江菜100g、乾瓢30g、花枝漿100g

B 乾香菇（泡軟）40g、紅蘿蔔60g
沙拉筍60g

【 食材處理 】

～ 烏參、青蔥切段。

～ 嫩薑切片。

～ 青江菜修除尾端老葉。

～ 乾香菇切條。

～ 紅蘿蔔、沙拉筍切和香菇等長條狀。

● 調味料

A 豬骨高湯200cc（P.28）、蠔油
1大匙、烏醋4大匙、白砂糖1大
匙、米酒1大匙

B 太白粉水2大匙（太白粉1大匙、
水3大匙拌勻）、香油1大匙

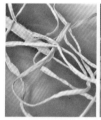

1 乾瓢用熱水煮軟後撈起；材料B一起放入熱水，以大火汆燙10秒鐘
至熟後撈起；青江菜放入熱水，以大火汆燙至熟後撈起；烏參放入
熱水，以大火汆燙至熟後撈起，備用。

龍師傅烹調 Point

▸ 乾瓢必須煮軟，才容易打結。

▸ 需要將烏參內部的沙腸清除乾淨，才能開始烹調。

2 將瀝乾的材料B塞入烏參後，用花枝漿封口，再用泡軟的乾瓢綁起來後打結，再放入蒸籠，以中火蒸10分鐘，取出後置入盤中，青江菜圍邊。

3 鍋中倒入1大匙葡萄籽油（份量外），以小火加熱，放入蔥段、薑片炒香，加入調味料A，轉大火煮滾，再倒入太白粉勾芡並煮滾，加入香油，再淋於烏參即可。

 台菜好味故事

用乾瓢將蔬菜綁起來稱為柴把，烏參一般都是用燒或燴的方式製作，但這道料理是把烏參清蒸後再淋上高湯，能品嘗到不同的風味與口感。

三鮮肉肫

份量 6人份

材料

A 豬絞肉300g、魚漿200g、荸薺100g、芋頭100g、青蔥40g、芹菜50g

B 蝦仁100g、海參100g、透抽100g、玉米筍60g、甜豆50g、辣椒10g、青蔥10g、蒜仁30g

調味料

A 鹽1小匙、白砂糖1小匙、白胡椒粉1小匙、香油2大匙、水200cc

B 豬骨高湯500cc（P.28）、鹽1小匙、白砂糖1小匙、白胡椒粉1/2小匙、烏醋2大匙、醬油1大匙

C 太白粉水2大匙（太白粉1大匙、水3大匙拌勻）、香油1大匙

【食材處理】

〰 荸薺、芋頭切小丁。

〰 材料A青蔥、芹菜切末。

〰 蝦仁挑除腸泥。

〰 海參、透抽切小塊。

〰 玉米筍切小段。

〰 甜豆去頭尾後切斜片。

〰 辣椒切斜片。

〰 材料B青蔥切段。

〰 蒜仁切末。

1 材料A放入食物調理機，加入調味料A，攪打均勻成泥。

2 再填入鋪耐高溫保鮮膜的扣碗，放入蒸籠，以大火蒸25分鐘至熟，取出後倒扣盤中。

接續下頁

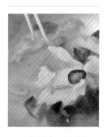   

3 材料B蝦仁、海參、透抽放入熱水,以大火汆燙10秒鐘,撈起備用。

4 鍋中倒入2大匙葡萄籽油(份量外),以小火加熱,放入辣椒片、青蔥段、蒜末炒香,再放入玉米筍、甜豆、蝦仁、海參、透抽炒勻,再倒入調味B,轉大火煮滾。

5 接著倒入太白粉水勾芡並煮滾,加入香油,再淋於肉朒。

 龍師傅烹調 Point

▶ 購買豬絞肉時,以肥瘦比例肥6:瘦4為佳。
▶ 海鮮料先用熱水汆燙,可以避免後續烹煮時造成湯汁混濁。

台菜好味故事

這是古早味蒸豬絞肉的變化版,豬絞肉與魚漿結合,蒸完後再淋上海鮮蔬菜料,是一道非常熟悉的家常味與辦桌宴客佳餚。

古味蔥燒雞

份量 8人份

● 材料

雞1隻（約1500g）、蒜仁30g、青蔥30g
海參80g、蝦仁80g、花枝80g、荷蘭豆30g

【食材處理】

🥄 蒜仁切末。
🥄 青蔥、海參切段。
🥄 蝦仁挑除腸泥。
🥄 花枝切格紋片（P.18）。
🥄 荷蘭豆去頭尾後切斜片。

● 調味料

A 醬油2大匙
B 雞骨高湯300cc（P.27）、
  醬油2大匙、烏醋1大匙、白
  胡椒粉1小匙、白砂糖1大
  匙、米酒2大匙
C 太白粉水2大匙（太白粉1大
  匙、水3大匙拌勻）、香油1
  大匙

1 雞腳塞入雞腹部內，並在雞肉全身均勻抹上調味料A醬油，醃製10分鐘待入味備用。

2 青蔥放入160℃玄米油鍋（密集小泡泡，油溫判斷P.21），炸至金黃色，撈起後瀝乾；以大火加熱油至180℃（更多泡泡），整隻雞沿著鍋邊放入油鍋，用澆淋方式炸至上色，撈起後瀝乾。

 龍師傅烹調 Point

▸ 炸油使用舊油，比較容易上色。
▸ 雞肉背部要斷骨，雞腳要塞入腹部內，這樣比較容易蒸熟。

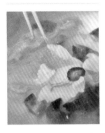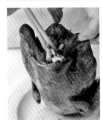

3 海參、蝦仁、花枝放入熱水,以大火汆燙10秒鐘,撈起備用。

4 青蔥段、蒜末塞入雞肚子,再放入蒸籠,以大火蒸40分鐘至熟,取出後將湯汁倒入鍋中(雞放入大盤)。

5 再加入調味料B,轉大火煮滾,放入燙好的海鮮料、荷蘭豆煮熟後,倒入太白粉水勾芡並煮滾,加入香油,再淋於雞肉即可。

台菜好味故事

傳統宴席台式燒雞做法,會將大量炸香的蒜頭和青蔥放入雞的腹內蒸熟,讓香氣味道出來,並淋上綜合海鮮料,增加料理的豐富度。

白雪沙公

份量 3~4人份

台菜好味故事

利用蛋白打發的特性,像雪一般的潔白,蒸熟後
搭配沙公肉與蔬菜配料,就像一幅雪中的美景,
非常適合宴客的佳餚,也方便食用。

● 材料

A 沙公1隻450g、香菜10g、美生菜葉
（片狀）100g、蛋白4個

B 嫩薑20g、洋火腿30g、乾香菇（泡
軟）40g、竹筍40g

● 調味料

A 嫩薑片20g、米酒1大匙

B 鹽1/4小匙、白胡椒粉1/4小匙

【食材處理】

～ 香菜取葉。

～ 嫩薑、洋火腿切末。

～ 乾香菇、竹筍切小丁。

1 殺沙公步驟，壓住沙公腹部，用1支筷子從沙公嘴巴用力戳到底，確定不再掙扎，再鬆開繩子，接著掀開沙公殼。

2 剪除口鼻及消化器官，再掀除沙公肚的臍蓋即完成。

龍師傳烹調

▶ 沙公可以換成紅蟳，兩者皆選擇比較大的，其肉才會多。

▶ 蛋白霜也可以用電動打蛋器攪打，打到有硬度且不掉落即可，放入蒸籠蒸好必須立即使用，才不會消泡。

3 將沙公和殼放入大碗，鋪上薑片和米酒，再放入蒸籠，以大火蒸15分鐘至熟，取出後放涼，刮除沙公膏並取出肉備用。

4 鍋中加入1大匙葡萄籽油（份量外），以小火加熱，放入材料B炒香，加入調味料B炒勻即為餡料。

5 蛋白放入食物調理機，攪打成綿綿挺立的蛋白霜，挖出後盛盤，再放入蒸籠，以中火蒸3分鐘至脹大且熟，取出。

6 將蛋白霜盛入大盤，放上餡料、沙公肉，撒上香菜葉，搭配美生菜一起食用即可。

絨刺參

份量 6人份

龍師傅烹調 Point

▶ 刺參內部要洗淨,才不會有沙子殘留。
▶ 餡料加入蛋白,可以增加滑順感。
▶ 刺參為海參的一種,肉質厚實富彈性, 背部和兩側的刺尖且粗壯。

材料

A 刺參300g、豬絞肉100g、魚漿300g、青蔥40g、嫩薑20g

B 青蔥20g、嫩薑20g、蒜仁20g

【食材處理】

～ 刺參去除內部腸泥。

～ 材料A青蔥、蒜仁切末。

～ 材料B青蔥切長段、嫩薑切片。

調味料

A 白胡椒粉1/2小匙、香油1大匙、米酒1大匙、太白粉1大匙

B 白砂糖1小匙、蠔油3大匙、米酒1大匙、醬油1大匙、雞骨高湯300cc（P.27）

C 太白粉水2大匙（太白粉1大匙、水3大匙拌勻）、香油1大匙

1 刺參放入熱水，以大火汆燙10秒鐘，撈起後瀝乾。魚漿、豬絞肉、青蔥末及薑末放入食物調理機，加入調味料A，攪打均勻成泥即為餡料。

2 刺參內部拍上一層太白粉（份量外），填入餡料，再放入蒸籠，以中火蒸15分鐘，取出後盛盤備用。

3 材料B放入160℃玄米油鍋（密集小泡泡，油溫判斷P.21），炸至金黃色，撈起後瀝乾。

4 鍋中倒入1大匙葡萄籽油（份量外），以小火加熱，倒入白砂糖炒香，再倒入其他調味料B、炸香的材料B，轉大火煮滾，加入刺參，並倒入白粉水勾芡及煮滾，加入香油即可。

台菜好味故事

在刺參中填入餡料，可以提升其高貴和美味，並增加口感及滑順度，是一道傳統又創新的菜色。

燴肝肫

份量 6人份

龍師傅烹調 Point

- 加入魚漿，可以讓肝肫口感比較滑潤。
- 豬肝要用流動的水清洗，能去除血水，減少腥味。

◎ 材料

A 豬肝100g、豬絞肉100g、魚漿
  200g、青蔥20g、嫩薑20g、洋蔥
  40g、荸薺50g
B 青江菜200g、香菜10g

【 食材處理 】

➤ 豬肝切碎。
➤ 青蔥、嫩薑、洋蔥、荸薺切末。
➤ 青江菜修除尾端老葉。
➤ 香菜取葉。

◎ 調味料

A 白胡椒粉1小匙、醬油1大匙、鹽1/2小
  匙、香油2大匙、太白粉1大匙
B 雞骨高湯300cc（P.27）、醬油2大匙、白
  醋2大匙、白砂糖1大匙
C 太白粉水2大匙（太白粉1大匙、水3大匙
  拌勻）、香油1大匙

1 材料A放入食物調理機，加入
調味料A，攪打均勻成泥。

2 取一個扣碗，鋪上一層耐高溫保鮮膜，加入1大匙香油（份量
外），再填入肝肉餡，放入蒸籠，以大火蒸20分鐘至熟，取出後
倒扣於盤中。

3 青江菜放入
熱水，以大
火汆燙至熟，撈
起後排入做法2
盤中圍邊。

4 調味料B以大火煮滾，加入太白粉水勾芡並煮
滾，倒入香油，再淋於肝肫即可。

台菜好味故事

豬肝是高級品，利用豬肝與
其他餡料打成泥狀，製作出
一道澎湃的宴席菜。

玫瑰大蝦

份量 6人份

台菜好味故事

這是鳳尾蝦的進化版,用蝦肉捲起火腿海苔蛋黃捲,裹上脆粉漿後炸至金黃色,剖開後的切面像一朵朵令人垂涎的玫瑰花,外酥內嫩,雖然製作過程比較繁瑣,但是端上桌,絕對吸睛且令賓客讚嘆不已。

● 材料
草蝦6尾、鹹鴨蛋黃3個（45g）、海苔1張
（5g）、洋火腿50g、花枝漿100g、雞蛋1個

【食材處理】
草蝦洗淨。

● 調味料
鹽1/2小匙、米酒2大匙

● 脆粉漿
中筋麵粉100g、太白粉30g
玄米油4大匙、水80cc

1 剪草蝦鬚和足部後，去頭及殼，再將草蝦腹部剖開並攤平，用刀斷筋，與調味料A拌勻，醃製3分鐘備用。

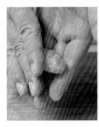   

2 鹹蛋黃整成長條狀後切半，再捏合成小長條，放入蒸籠，大火蒸10分鐘，取出後放涼。

龍師傅烹調 Point

▶ 蝦肉切開後並斷筋，才容易包捲起來。
▶ 鹹蛋黃先塑形成長條，才容易包捲而不散掉。
▶ 花枝漿必須在海苔外層，才能黏住海苔而包捲漂亮。

3 海苔切成6等份長方形，每片包入1份鹹蛋黃，捲起來，依序完成另外5份備用。

4 取適量花枝漿鋪於保鮮膜，按壓平整成長方形，放上海苔蛋黃捲，捲好。

5 洋火腿去邊後鋪於保鮮膜，放上海苔蛋黃捲，仔細捲好後，將兩端不工整處切除。

6 取1隻草蝦鋪於保鮮膜，放上火腿海苔蛋黃捲，保鮮膜向上拉起後靠攏，轉緊成緊實球狀，依序完成其他5份備用。

7 脆粉漿材料、雞蛋放入食物調理機，攪打均勻成蛋糊，每個蝦球沾裹一層，再放入160℃玄米油鍋（密集小泡泡，油溫判斷P.21），炸至金黃色，撈起後瀝油，對切擺盤即可。

大封肉

份量 6人份

● 材料

A 豬五花肉（10×15cm）600g、青江菜50g
B 洋蔥40g、青蔥20g、蒜仁20g、八角2g、紅穀米50g

【食材處理】

🥢 青江菜修除尾端老葉。
🥢 洋蔥切小塊。
🥢 青蔥切段。

● 調味料

A 醬油60cc、白砂糖2大匙、米酒4大匙、水1000cc
B 太白粉水2大匙（太白粉1大匙、水3大匙拌勻）

1 青江菜放入熱水，以大火汆燙至熟，撈起後排盤備用。

2 豬五花肉放入熱水，以大火汆燙至肉變白，撈起後用清水洗淨，瀝乾。

3 豬五花肉均勻抹上醬油，再放入200℃玄米油鍋（更多且密集泡泡，油溫判斷P.21），炸至上色後取出。

台菜好味故事

大封肉類似東坡肉的傳統台菜，但是豬肉會先炸過，滷製時才能保持完整性，有分大封與小封，加入天然紅穀米一起滷，顏色才會透亮。

接續下頁

4 鍋中倒入2大匙葡萄籽油（份量外），以小火加熱，放入洋蔥、青蔥、蒜仁和八角炒香，再加入白砂糖炒上色，加入米酒、水，轉大火煮滾。

5 接著放入炸好的豬五花肉、紅穀米，蓋上鍋蓋，轉小火慢慢滷1小時至入味（每滷10分鐘翻面一次），倒入太白粉水勾芡並煮滾，取出後連同滷汁盛入做法1盤中即可。

龍師傳烹調 Point

▶ 豬五花肉又稱三層肉，炸豬肉的油溫必須高才能定形。

▶ 加入天然紅穀米一起滷，顏色才會透亮，每滷10分鐘翻面一次，上色才會均勻且入味。

繡球魚翅

份量 5～6人份

● 材料

A 魚漿200g、蝦仁300g

B 素魚翅60g、蛋黃皮1張（蛋黃2個，煎成50g）、紅蘿蔔40g、乾香菇（泡軟）40g、青蔥20g、辣椒5g

【食材處理】

～ 蝦仁切碎。

～ 蛋黃皮、紅蘿蔔、乾香菇、青蔥、辣椒切絲。

● 調味料

A 鹽1/2小匙

B 米酒1大匙、鹽1小匙、雞骨高湯300cc（P.27）

C 太白粉水2大匙（太白粉1大匙、水3大匙拌匀）、香油1大匙

台菜好味故事

許多切絲且繽紛材料裹在蝦丸上，看似繡狀而得名，這是一道傳統宴客菜，做法不難，但呈現的樣子非常特別，與現在的排翅大不同。

1 素魚翅泡入冷水15分鐘待軟，擠乾水分備用。

2 魚漿、蝦仁放入食物調理機，加入調味料A，攪打均匀，用手虎口捏成約50g大小，整圓備用。

龍師傅烹調 **Point**

▶ 將餡料捏成丸子狀，避免太大顆，以免破裂。

▶ 素魚翅必須先泡水，變軟後擠乾水分才能使用。

▶ 魚漿與蝦仁混合時，不能加香油，否則無法定形。

3 紅蘿蔔絲和1/4小匙鹽（份量外）抓勻至出水，
擠乾水分；蛋黃絲、紅蘿蔔絲、香菇絲混合拌勻
成綜合絲。

4 每個蝦丸裹上一層綜合絲，鋪上素魚翅，再放入蒸籠，以中火蒸
10分鐘至熟，取出後盛盤，鋪上青蔥絲、辣椒絲。

5 調味料B以大火煮滾，倒入太
白粉水勾芡並煮滾，加入香
油，淋在蒸好的繡球即可。

213

香酥芋泥鴨

份量 10人份

台菜好味故事

您一定會奇怪鴨跑去哪裡了？這是一道看不到整隻鴨子的手工古早味，芋頭與鴨肉結合後油炸，粉嫩芋泥綿密入口即化，冷吃熱食皆有不同風味。傳統配方是與豬油混合，但因為現在健康觀念抬頭，所以豬油改成香油，更香且營養更高。

● 材料
鴨1隻（1500g）、芋頭400g、紅蔥頭50g
青蔥20g、香菜10g

● 調味料
A　醬油2大匙、太白粉4大匙
B　白胡椒粉1/2小匙、鹽1/2小匙
　　白砂糖2大匙、香油2大匙

【 食材處理 】

➣ 芋頭切小丁。
➣ 紅蔥頭、青蔥、香菜切末。

1 整隻鴨放入蒸籠，以大火蒸
30分鐘至熟，取出後放涼；
芋頭放入蒸籠，以大火蒸20分鐘
至熟，備用。

2 鴨身均勻塗抹一層醬油，沿著鍋邊放入180℃玄米油鍋（更多泡
泡，油溫判斷P.21），炸至金黃色後撈起，稍微放涼後取肉，剝絲
後放入200℃油鍋，再炸至酥，撈起。

龍師傅烹調 Point

▶ 芋頭切丁後蒸，可以縮短蒸熟的時間。
▶ 取鴨肉拌入芋泥即可，鴨肉與鴨皮分開，口感才會好且美味。

3 鍋中倒入2大匙葡萄籽油（份量外），以小火加熱，放入紅蔥頭炒香，再放入青蔥末炒香，接著放入炸好的鴨肉絲炒勻，放入調味料B炒入味。

4 再放入芋頭丁，邊炒邊壓成泥，關火。

5 將拌好的芋泥放入塑膠袋，揉勻成細緻泥狀，並整成高度約3cm長柱狀，取出後放在鋪太白粉的砧板，切塊。

6 再放入180℃玄米油鍋（更多泡泡），炸至酥脆，撈起後瀝乾即可。

四喜烏魚子捲

份量 3～4人份

龍師傅烹調 Point

▶ 烏魚子不可以泡到水或米酒，烹調前只要將外層的膜衣剝除即可。
▶ 在蛋黃皮和海苔之間用美乃滋黏合，會比較牢固，捲好後才不會散開。

材料

A　烏魚子80g、蒜苗20g、蜜黑豆10g

B　小黃瓜100g、高麗菜100g、蘋果100g、海苔1張（5g）
　　蛋黃皮1張（蛋黃4個，煎成100g）

調味料

美乃滋50g

【食材處理】

～　蒜苗切片。

～　小黃瓜、高麗菜切絲。

～　蘋果切絲後泡冷開水。

1 烏魚子剝除外膜，再放入180℃玄米油鍋（更多
泡泡，油溫判斷P.21），炸至呈金黃色，撈起後
瀝乾，再切成長條。

2 砧板上鋪1張保鮮膜，放上蛋黃皮，均勻擠上適量美乃滋，再放上海苔，按壓後讓海
苔緊貼於蛋皮，依序鋪上烏魚子、小黃瓜絲、蘋果絲、高麗菜絲，擠上美乃滋，捲
起後收緊。

3 再切成3cm段，排盤，放上蒜
苗片、蜜黑豆即可。

台菜好味故事

烏魚子大部分是搭配蒜苗或白蘿
蔔片一起食用，近幾年因為婚宴
會館盛行，在菜色的變化上，也
由傳統單調轉為多樣化搭配，常
見挑選水果、根莖類做為內餡，
並用煎好的蛋皮包捲完成後並切
塊，小巧可愛一口食用剛好，深
受許多年輕人喜歡。

銀芽干貝酥

份量 3～4人份

◎ 材料
A 乾干貝70g、豆芽菜300g
B 嫩薑5g、青蔥20g、辣椒5g

【 食材處理 】

⟍ 豆芽菜摘除頭尾即為銀芽。
⟍ 嫩薑、青蔥、辣椒切末。

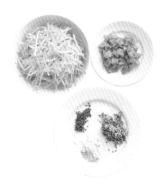

◎ 調味料
鹽1小匙、香油1大匙

台菜好味故事

這道菜的材料非常簡單
卻家常味十足，其烹調
重點為炸干貝的溫度必
須控制好，才會酥脆和
爽口。

1 乾干貝泡入水後放入蒸籠，以大火蒸20分鐘至熟，撈起後放涼，擦乾水分後剝成絲。

2 準備一鍋玄米油，以小火加熱至160℃（密集小泡泡，油溫判斷P.21），放入干貝絲，炸至金黃酥脆，撈起後鋪於鐵盤，讓干貝絲冷卻。

3 鍋中倒入1大匙葡萄籽油（份量外），以小火加熱，放入材料B炒香，再加入銀芽，轉大火炒勻，最後放入調味料炒勻，盛盤，鋪上干貝酥。

龍師傅烹調 Point

▸ 可以選購日本產乾干貝，香氣比較足。
▸ 需要將乾干貝表面水分擦乾，油炸的時候才會酥脆。
▸ 銀芽若未立刻烹煮，則需要泡水，才不會氧化變黑。

爆皮魚羹

份量 6人份

◎ 材料

A 爆豬皮40g、大白菜300g、紅蘿蔔40g、乾香菇（泡軟）80g、竹筍50g、魚板40g、鱸魚肉（鱸魚菲力）200g、金針菇罐頭100g

B 蒜頭酥10g、香菜10g

【食材處理】

～ 大白菜、紅蘿蔔、乾香菇、竹筍、魚板切絲。

～ 香菜取葉。

～ 金針菇罐頭瀝汁。

◎ 鱸魚醃料

鹽1/2小匙、米酒1大匙、太白粉1大匙、香油1大匙

◎ 調味料

A 雞骨高湯2000cc（P.27）、烏醋5大匙、醬油2大匙、白胡椒粉1小匙

B 太白粉水3大匙（太白粉2大匙、水3大匙拌勻）、香油1大匙

台菜好味故事

傳統台菜用爆豬皮取代昂貴的魚肚烹調，因為口感相似且價格便宜，是外燴宴席常被使用的一項食材。

1 鱸魚肉切小丁，加入鱸魚醃料，拌勻後醃製3分鐘備用。

2 豬皮放入160℃玄米油鍋（密集小泡泡，油溫判斷P.21），炸至酥脆，撈起後瀝油，再放入清水去除油分。

接續下頁

3 鍋中倒入2大匙葡萄籽油（份量外），以小火加熱，放入香菇絲炒香，再加入紅蘿蔔絲、大白菜絲、筍絲炒軟。

4 接著倒入雞骨高湯，以大火煮滾，再放入魚板、金針菇、爆豬皮，並加入烏醋、醬油、白胡椒粉調味，放入鱸魚肉煮熟，再倒入太白粉水勾芡並煮滾，加入香油，放入材料B即可。

 龐師傅烹調 Point

▶ 魚肉順紋切，肉才不會散開。
▶ 油炸爆豬皮時，油溫不能太高，以免炸焦。
▶ 魚肉需要醃製再放入羹湯中煮，能增加鮮味。

索引：食材與相關料理一覽表

備註：225～229頁的食材排序，為首字筆畫由少至多。

蔬果

拌麵調味首選

豉留香

口感綿密細緻　微辣風味

豆油伯豉留香
260ml / 160m元

沾拌炒煮

六堆釀興業有限公司 屏東縣竹田鄉履豐村豐振路2-8號 (竹田火車站旁)

0800-256-866　www.mitdub.com

CITY SUPER / 天母SOGO門市 B1F • 忠孝復興SOGO門市 B3F • Mega City板橋大遠百 B1F
CITY SUPER / 台茂購物中心 B2F • 新竹巨城門市 B1F • 台中遠百門市 B2F
高雄大立百貨 B1F • 屏東總公司-竹田門市(竹田驛站旁)
全省 HOLA門市 • 全省 柑仔店有機超市 • 全省 長庚生技 • 全省 家樂福

豆油伯 🔍

ChefOil
主廚精選

歐洲原瓶原裝進口

烹飪首選

精選油中極品，滿足全溫域烹調手法，

讓您一如主廚，多種料理輕鬆上菜！

揮灑料理 一如主廚

ChefOil 主廚精選

冷壓橄欖油 - 低溫天然原味
葡萄籽油 - 中溫拌炒對味
玄米油 - 高溫安定美味

小容量精選組合，全溫域料理皆能常保新鮮
隨罐附贈多功能調理置物架，廚房機能美學新場

產地追溯、食在安心

歐洲原瓶直送，國際規格

 拌 炒 煎

依照低中高溫料理量身打造

四道品質檢驗把關

世界最棒的餐廳
在我家！

HOLA投注心力開發高品質鍋具，並通過嚴格的品管，
全系列鍋具皆通過國家食品器具容器衛生標準，為您的食用安全層層把關！

HOLA 316 複合不鏽鋼鍋具系列

- 頂級 316 三層鍛壓複合金不鏽鋼，導熱快速
- 鍋內無鉚釘，容易清潔不卡垢
- 鍋蓋設計密封壓邊蒸氣不外漏，美味不流失
- 鍍鈦配件質感升級，抗菌又美觀

HOLA特力和樂門市

　　記得學生時代下課後，常常跟著父母在餐廳忙上忙下，一下忙著擦桌子、一下為客人倒茶，或是到出菜口幫忙，看著父親炒菜的背影，等待熱騰騰的塔香三杯雞、五更腸旺、糖醋排骨或筍絲滷肉出來，於是我又急忙端到桌上讓客人享用。忙完後，一家人與員工在一起吃晚餐，這一幕延續到30年後的現在。父親的一刀一砧、烹調過程都是我追尋的目標，也是帶領自己成為廚師的動力。

　　希望藉由《經典台菜95味》出版，這些經典台菜、古早味、辦桌菜能喚起長輩的美味回憶，年輕人也可以藉由典故了解這些台菜的意義，讓台菜成為凝聚全家人情感的來源，並且烹調步驟化繁為簡，大家都能輕鬆烹調出好滋味！

黃景龍

廚房 Kitchen 0076

經典台菜95味

9種調味料✕5款辛香料，化繁為簡，
烹調出澎湃的經典辦桌菜與難忘古早味

作　　　者	黃景龍、黃洪忠
總 編 輯	鄭淑娟
主　　　編	葉菁燕
行 銷 主 任	邱秀珊
業　　　務	趙曼孜
攝　　　影	周禎和
內 頁 設 計	鄧宜琨
封 面 設 計	行者創意
髮 妝 造 形	林芷伃
食 譜 打 字	陳純綺
場 地 提 供	特力屋股份有限公司
商 品 贊 助	富味鄉食品股份有限公司、特力屋股份有限公司 泰山企業股份有限公司、品業興實業有限公司 豆油伯六堆釀興業有限公司、永大貿易股份有限公司 台灣飛利浦股份有限公司（依首字筆畫多至少排列）
編 輯 總 監	曹馥蘭

出 版 者	日日幸福事業有限公司
地　　　址	106台北市和平東路一段10號12樓之1
電　　　話	（02）2368-2956
傳　　　真	（02）2368-1069
郵 撥 帳 號	50263812
戶　　　名	日日幸福事業有限公司
法 律 顧 問	王至德律師 電話：（02）2341-5833
發　　　行	聯合發行股份有限公司 電話：（02）2917-8022
印　　　刷	中茂分色製版印刷事業股份有限公司 電話：（02）2225-2627
初 版 一 刷	2018年09月
定　　　價	399元

國家圖書館出版品預行編目(CIP)資料

經典台菜95味：9種調味料✕5款辛香料，化繁為
簡，烹調出澎湃的經典辦桌菜與難忘古早味 /黃景
龍、黃洪忠作. -- 初版. -- 臺北市：日日幸福事業
出版：聯合發行，2018.09
240面；17×23公分. -- （廚房Kitchen；76）

ISBN 978-986-96886-0-4（平裝）

1.麵食食譜

427.133　　　　　　　　　　107014667

豪華禮大相送　都在日日幸福！

只要填好讀者回函卡寄回本公司（直接投郵），您就有機會免費將以下各項大獎帶回家。

①
HOLA
316複合不鏽鋼鍋具套組

（複合不鏽鋼雙耳湯鍋22cm一支+複合
不鏽鋼炒鍋32cm一支+凱特不鏽鋼炒鏟
一支+凱特不鏽鋼湯勺一支）
市價11958元/名額1名

②
飛利浦
廚神料理機HR7629/94
市價3980元/名額1名

③
飛利浦
手持攪拌棒 HR1627
市價3488元/名額2名

④
HOLA
亞倫不鏽鋼單柄湯鍋16cm

市價1980元/名額5名

⑤
PYX
頂級六星全方位雙奈米滅菌
防霾防護口罩

（二入，款式花色隨機）
市價1960元/名額10名

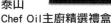

⑥
泰山
Chef Oil主廚精選禮盒

（冷壓橄欖油250ml+葡萄籽油
250ml、玄米油250ml）
市價1250元/名額8名

⑦
芝初
雙星滿福禮盒

（深焙黑芝麻油550ml+溫焙
芝麻香油550ml）
市價1198元/名額3名

⑧
HOLA
爵仕德國鋼西式
廚刀

市價990元/名額5名

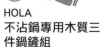

⑨
HOLA
不沾鍋專用木質三
件鍋鏟組

市價699元/名額10名

⑩
HOLA
旋轉沙拉隨行杯
市價590元/名額10名

參加辦法

只要購買《經典台菜95味：9種調味料╳5款辛香料，化繁為簡，烹調出澎湃的經典
辦桌菜與難忘古早味 》填妥書裡「讀者回函卡」（免貼郵票），於2018年12月31日
前（郵戳為憑）寄回【日日幸福】，本公司將抽出共55位幸運的讀者。得獎名單將
於2019年1月10日公布在：

日日幸福部落格：http://happinessalways.pixnet.net/blog
日日幸福粉絲團：https://www.facebook.com/happinessalwaystw

◎非常感謝各家廠商大方贊助商品抽獎！

書名｜**經典台菜95味** 9種調味料／5款辛香料，化繁為簡，烹調出澎湃的經典辦桌菜與難忘古早味　書號｜HAKI0076

感謝您購買本公司出版的書籍,您的建議就是本公司前進的原動力。請撥冗填寫此卡,我們將不定期提供您最新的出版訊息與優惠活動。

▶

姓名: _____ **性別**:□男 □女 **出生年月日**:民國____年____月____日

E-mail: _____

地址:□□□□□ _____

電話: _____ **手機**: _____ **傳真**: _____

職業:□ 學生　　　　□ 生產、製造　　□ 金融、商業　　□ 傳播、廣告
　　　　□ 軍人、公務　　□ 教育、文化　　□ 旅遊、運輸　　□ 醫療、保健
　　　　□ 仲介、服務　　□ 自由、家管　　□ 其他

▶

1. 您如何購買本書?□ 一般書店(　　　　書店)　□ 網路書店(　　　　書店)
　　□ 大賣場或量販店(　　　　)　□ 郵購　□ 其他
2. 您從何處知道本書?□ 一般書店(　　　書店)　□ 網路書店(　　　書店)
　　□ 大賣場或量販店(　　　　)　□ 報章雜誌　□ 廣播電視
　　□ 作者部落格或臉書　□ 朋友推薦　□ 其他
3. 您通常以何種方式購書(可複選)?□ 逛書店　□ 逛大賣場或量販店　□ 網路　□ 郵購
　　□ 信用卡傳真　□ 其他
4. 您購買本書的原因?　□ 喜歡作者　□ 對內容感興趣　□ 工作需要　□ 其他
5. 您對本書的內容?　□ 非常滿意　□ 滿意　□ 尚可　□ 待改進 _____
6. 您對本書的版面編排?　□ 非常滿意　□ 滿意　□ 尚可　□ 待改進 _____
7. 您對本書的印刷?　□ 非常滿意　□ 滿意　□ 尚可　□ 待改進 _____
8. 您對本書的定價?　□ 非常滿意　□ 滿意　□ 尚可　□ 太貴
9. 您的閱讀習慣(可複選)?　□生活風格　□ 休閒旅遊　□ 健康醫療　□ 美容造型
　　□ 兩性　□ 文史哲　□ 藝術設計　□ 百科　□ 圖鑑　□ 其他
10. 您是否願意加入日日幸福的臉書(Facebook)?　□ 願意　□ 不願意　□ 沒有臉書
11. 您對本書或本公司的建議: _____

_____

_____

註:本讀者回函卡傳真與影印皆無效,資料未填完整即喪失抽獎資格。